艺术与设计系列

INTERIOR

DECORATIVE MATERIALS
& CONSTRUCTION TECHNOLOGY

室内装饰材料与施工工艺

（第二版）

邱 裕 汤留泉 编著

中国电力出版社

内 容 提 要

　　本书主要讲解室内装饰材料与施工工艺，通过介绍材料与工艺的基本定义、设计选用方法与发展趋势，全面分析室内装饰装修中所运用到的各种材料与构造，剖析材料内外结构、特性、规格、选购技巧，由材料引出工艺，强调材料的环保理念、组合形式与工艺要点。本书第二版修订了部分装饰材料，补充了知识点思维导图，搭配更完整的材料图片与构造图纸，从多维视角解析材料特性，引入节点构造详图与三维图，使读者全面认知材料与工艺知识点。本书注重内容的科学性与实用性，书中提供的材料与工艺节点案例可供读者直接运用于工程实践。

　　本书适用于普通高等院校与高职高专院校的环境设计、建筑装饰设计专业相关课程教学，同时也可以作为室内设计师、项目经理、施工员、材料经销商的参考读物。

图书在版编目（CIP）数据

室内装饰材料与施工工艺 / 邱裕，汤留泉编著.

2版 . -- 北京 ：中国电力出版社，2025. 5. -- （艺术与

设计系列）. -- ISBN 978-7-5198-9903-5

Ⅰ . TU56 ；TU767

中国国家版本馆 CIP 数据核字第 20251V9A47 号

出版发行：中国电力出版社

地　　址：北京市东城区北京站西街19号 （邮政编码100005）

网　　址：http://www.cepp.sgcc.com.cn

责任编辑：王　倩 （010-63412607）

责任校对：黄　蓓　常燕昆

装帧设计：张俊霞

责任印制：杨晓东

印　　刷：北京瑞禾彩色印刷有限公司

版　　次：2020年1月第一版　2025年5月第二版

印　　次：2025年5月北京第一次印刷

开　　本：889毫米×1194毫米　16开本

印　　张：11.5

字　　数：402千字

定　　价：68.00元

前 言
PREFACE

随着我国国民生活水平的不断提高，人们对装饰装修环境的要求也越来越高。从以往重装修质量，逐步过渡到现在重绿色环保，减少或杜绝装修污染。装饰材料与工艺通过运用平面与空间透视、错觉、光影、反射及色彩变化等原理，创造出理想的氛围和环境效果。此外，人工智能与材料施工的协同作用，能够展现不同材质的对比效果和结构特性，结合声、光、电和风等元素，使装饰设计达到新的境界。

目前，我国已建立规模较大、品种齐全的装饰装修材料产业体系，材料档次和配套水平有了显著提升。当前的发展重点是无毒、低毒、阻燃、防火、节能、节水、代钢、代木等新型装饰材料，这些材料具有高效益、高技术含量、良好的出口前景和较高附加值。新型材料的研发不仅有助于优化装修设计和室内环境，还能节约能源、保护生态环境，同时在促进身心健康的同时，为生活带来便利，解决诸多生活问题。

在室内装饰施工过程中，环境污染问题主要源于含有氡、甲醛、苯、氨等有害物质的装饰材料的应用。此类材料对人类健康构成威胁。为减少污染，推荐优先选用绿色环保材料。因此，有必要深入了解各种装饰材料的名称、特性、用途、规格及价格，并掌握其绿色环保属性，以确保选购到符合需求的绿色材料，进而提高施工质量。在此基础上，才能准确判断材料是否绿色，从而提升设计与施工的安全性。

本书共分为九章，从室内装饰材料与施工的基础概念到成品板材、装饰石材、陶瓷、玻璃、壁纸、地毯、窗帘、油漆涂料、防水材料、防火材料、防锈材料、水电材料及五金型材的选购与施工方法，都依次进行了具体且细致的讲解。不同施工对应相应材料进行了详细的讲解，并配置构造分解图和施工步骤图，针对图片进行详解，系统地介绍装饰材料从选材到施工的详细内容，紧跟装饰材料的发展趋势及先进的施工工艺。

本书在第二版中，更新了目前使用频率较高的复合板材品种，更新了全书部分知识点的表述方式，让装饰材料的技术内容表达得更深入，还为每章节增加了思维导图与课后练习题、思政训练、教学大纲，着重培养设计师的职业素养和思维创新能力。将产学研融为一体，融入新材料与智能建造技术，附带大量教学视频，引导读者从阅读书籍、收集样本，到将所学应用于实践，帮助读者深入理解材料与构造，并灵活应用于设计与施工中。

本书配有课件文件，可通过邮箱493056590@qq.com获取。

编 者

2025年3月

目录

CONTENTS

全书重点内容思维导图

什么是装饰材料
怎样进行装饰施工
装饰材料与施工概述

木质板材
塑料板材
金属板材
复合板材
成品板材施工
运用频繁的成品板材

天然石材
人造石材
石材施工
美观细腻的装饰石材

陶瓷砖
墙地砖铺装施工
玻璃制品
玻璃制品安装施工
陶瓷与玻璃

壁纸
壁纸铺贴施工
地毯
地毯铺装施工
窗帘
窗帘安装施工
壁纸织物

室内装饰材料与施工工艺

油漆涂料
基础填料
普通涂料
装饰涂料
特殊涂料
油漆涂料施工

胶凝材料
水泥与混凝土
水泥与混凝土施工
胶凝材料
胶凝材料施工

水电材料
水路材料
水路布置施工
电路材料
电路布置施工

五金型材
金属型材
五金配件
五金型材施工

第一章

装饰材料与施工概述

识读难度 ★★☆☆☆

核心概念 装饰材料概述、装饰施工概述

章节导读 现代装饰材料门类丰富、品种齐全，在很大程度上简化了设计与施工工艺难度，但同时又加大了认识材料的难度。装饰材料与施工是现代装饰设计、施工的技术基础，任何装饰工程都要使用装饰材料，并通过施工来达到预期的设计效果。装饰施工需要设计师将装饰设计的创意构思通过详细的施工图纸准确无误地表达出来，在施工中，需要将一些初步设计没有考虑到的因素都归纳进来，如不同工种之间的协调关系、具体材料的选用与连接、细部尺寸的量化，以及施工的方式方法等，都要一一考虑。

装饰材料与施工概述
- 什么是装饰材料
  - 装饰材料概述
    - 定义
    - 分类
    - 特征
  - 装饰材料功能与选购
    - 功能
    - 选购
- 怎样进行装饰施工
  - 装饰施工的要素和类型
    - 施工要素
    - 施工类型
  - 装饰施工的发展
    - 注重施工安全
    - 保障设施完整
    - 采用环保工艺
    - 提高施工效率

图1–1 | 图1–2 | 图1–3
图1–4 | 图1–5 | 图1–6
图1–7 | 图1–8 | 图1–9

第一节　什么是装饰材料

一、装饰材料概述

1. 定义

装饰材料是指所有直接或间接参与装饰设计、施工及维护过程中的实体要素。将这些物质进行巧妙地搭配与融合，才能打造出实用美观的生活空间。随着现代社会物质与经济水平的飞跃，装饰物料领域的范围逐渐拓展。在传统概念中，装饰物料按照其形态被划分为五大类，即实体材料、板材、薄片材料、型材及线材。尽管这些传统材料至今仍被广泛采用，但现代工业技术的革新与工艺的进步，已经催生了众多新型材料，如质感逼真的真石涂料、触感独特的液体壁纸等（图1–1～图1–5）。

2. 分类

现代装饰材料的发展速度异常迅猛，种类繁多，各类新型产品层出不穷，而不同的装饰材料用途不同，性能也千差万别，了解装饰材料的分类，可以帮助我们更好地进行材料的选用。

（1）按材料的材质分类。依据材质划分，装饰材料主要可以分为有机高分子材料，如木材、塑料、有机涂料等；无机非金属材料，如玻璃、天然石材、瓷砖、水泥等；金属材料，如铝合金、不锈钢、铜制品等；复合材料，如人造石、彩色涂层钢板、铝塑板、真石漆等（图1–6～图1–9）。

（2）按材料的燃烧性分类。按照材料的燃烧性可以将装饰材料分为A级材料、B1级材料、B2级材料和B3级材料（图1–10～图1–13）。

1）A级材料。具有不燃性，在空气中遇到火或在高温作用下不燃烧的材料，如天然石材、金属、玻化砖等。

2）B1级材料。很难发生燃烧，在空气中经受明火炙烤或高温作用时难以起火和发生微燃、

图1–1 实材：粉煤灰砌块

粉煤灰砌块是一种能源回收再利用的绿色环保砖块，使用频率较高。

图1–2 板材：胶合板

胶合板是家具常用材料之一，也是人造板材三大板之一，能提高木材利用率。

图1–3 片材：PS片

PS片即塑料片，色彩丰富，质量轻，拥有一定的硬度，使用频率也较高，价格比较适中。

图1–4 型材：成品纤维板护角

成品纤维板护角粘结紧密，颜色、样式都比较丰富，质地较好，目前使用范围较广。

图1–5 线材：电线

电线是电路工程的基础材料，选购时一定要慎之又慎，要选择带合格证的品牌电线，购买后的储存工作也需要格外注意，避免电线受潮。

图1–6 有机高分子材料：有机涂料

有机涂料是以高分子化合物为主要成膜物质并将其涂抹于物体表面，使其形成一层附着坚牢的涂膜的涂料。

图1–7 无机非金属材料：天然石材

天然石材具有十分独特的纹理，在日常使用过程中仍然需要进行打蜡等护理，需要注意的是天然石材有一定的辐射。

图1–8 金属材料：不锈钢

不锈钢耐空气、蒸汽和水等弱腐蚀介质，且具有良好的不锈性和耐热性能。

图1–9 复合材料：真石漆

真石漆是一种装饰效果酷似大理石的涂料，色泽自然且具有天然石材的质感。

图1-10 图1-11 图1-12 图1-13
图1-14 图1-15 图1-16 图1-17

图1-10 A级材料：玻化砖

玻化砖是由石英砂与泥高温烧制而成的，一般呈弱酸性。

图1-11 B1级材料：纸面石膏板

纸面石膏板的主要原料是建筑石膏，隔热效果比较好，也很耐火。

图1-12 B2级材料：地毯

地毯是以棉、麻、毛、丝、草纱线等天然纤维或化学合成纤维为原料，易燃烧。

图1-13 B3级材料：纤维织物

纤维织物由多种高分子化合物结合而成，质地细腻，燃点低，且持续燃烧时间长。

图1-14 玻璃幕墙

玻璃幕墙由大量玻璃制品组成，透光性和装饰性都十分不错，吸热性也很强。

图1-15 墙布

墙布是裱糊墙面的织物，装饰性很强，花样十分丰富，多以几何和花卉图案为主。

图1-16 板材

板材的长、宽尺寸大致都已经统一，但厚度不同，不同厚度的板材可适用于不同的情况，其价格相应地也会有所变化。

图1-17 纤维板雕刻窗花

在纤维板上雕刻窗花是采用切割机或雕刻机将木质纤维板加工成带有花纹图案的板材，成本低廉且效果独特。

碳化。离开火源后，已发生的燃烧或微燃现象立刻终止，如装饰防火板、阻燃墙纸、纸面石膏板、矿棉吸音板等。

3）B2级材料。具备可燃性，在空气中经受明火炙烤或高温作用时会迅速起火或微燃。离开火源后，这些材料仍可持续燃烧，如木质芯板、层压板、木制地板、绒面地毯以及壁纸等。

4）B3级材料。具有易燃性，在空气中受到火烧或高温作用时迅速燃烧，且火源移走后仍继续燃烧的材料，如油漆、纤维织物等。

（3）按材料的使用部位分类。装饰材料按照使用部位主要可以分为外墙装饰材料，如天然石材、玻璃制品、水泥制品、金属、外墙涂料等；内墙装饰材料，如陶瓷墙面砖、装饰板材、内墙涂料、墙纸墙布等；地面装饰材料，如地板、地毯、玻化砖等；顶棚装饰材料，如石膏板、金属扣板、硅钙板等（图1-14、图1-15）。

（4）按材料的商品形式分类。装饰材料还可以按照商品形式来划分，主要分为成品板材、陶瓷、玻璃、壁纸织物、油漆涂料、胶凝材料、金属配件和成品型材等。这种分类形式最直观、最普遍，是目前各种装饰材料市场的销售分类，为大多数专业人士所接受。

3. 特征

装饰材料的品种很多，不同品种具有不同特性，这是选用装饰材料的基本原则，装饰材料的特性主要集中在以下几个方面。

（1）形状尺寸。任何装饰材料都要被加工成预定的形状与尺寸，以满足快捷销售、运输、使用的需求。现代装饰设计与施工追求高效率，对装饰材料的形状尺寸都有特定的要求。例如，木质材料要求被加工成2400mm×1200mm×15mm的板材，或被加工成长度为3、6m的方材，这样才便于统一定价并进一步加工，最终达到提高装修效率的目的（图1-16）。

（2）花纹图案。装饰材料还应具备美学价值。多数材料通过雕刻或印刷等工艺在表面形成多种图案，极大地提升了材料的视觉吸引力及装饰效果。通过采用不同的技术手段，可以打造出具有独特设计理念的花纹，进而强化其审美特质。这些装饰性图案能够呈现出粗糙、细腻、光滑或凹凸等不同的触感和视觉效果，从而为材料增添了更为质感层次（图1-17）。

（3）色彩。色彩反映了材料的光学特征，装饰材料的色彩会直接影响设计风格与氛围，而人眼对颜色的辨认是出于某种心理感受，不同的颜色会给人以不同的心理感受，且不同的人又会对同一颜色产生不同的感受，因而色彩的搭配不同，最后所呈现出来的视觉效果也会有所不同（图1-18）。

图1-18 | 图1-19 | 图1-20 | 图1-21
图1-22 | 图1-23 | 图1-24

图1-18 浅色墙面与深色地板应用

墙面乳胶漆一般选用浅米色、白色等明快的颜色，地板则选用棕色、褐色等深重的颜色，这些颜色搭配起来会给人一种稳定、祥和的空间感受。

图1-19 新型三维扣板

新型三维扣板作为近几年新出现的装饰材料，除去材料本身带来的装饰感外，耐用性也比较好。

图1-20 金属吊顶扣板

金属吊顶扣板因其组成元素的关系，整体吊顶扣板具有很好的耐磨性和耐腐蚀性，实用性较强。

图1-21 油漆

优质的油漆光泽亮丽，在阳光的照射下更显美丽，呈现流质状时色泽也比较纯净。

图1-22 壁纸

壁纸种类繁多，表面光滑、触感良好、视觉效果好的壁纸更加受公众喜爱。

图1-23 玻璃采光顶棚

玻璃采光顶棚在目前运用比较广泛，大面积的透光使得室内照明环境更环保，也更有意境。

图1-24 灯箱

灯箱具有一定的装饰性，所采用的材料都具备一定的透明性，以便更好地将灯箱内的内容展示出来。

（4）使用性能。需重视装饰材料的使用性能，具备耐污、耐火、耐水、耐磨及耐腐蚀等性能，才能确保材料的耐用性和功能性。目前，新一代装饰材料正逐渐向着节能减排的环保方向发展，强调可持续性和可重复利用性，如金属吊顶扣板等新型产品，满足使用需求的同时还提升了材料本身的价值，将装饰材料的功能扩展到环保新维度（图1-19、图1-20）。

（5）光泽。光泽是材料表面的质地特性，它对材料形象的清晰程度起着决定性作用。装饰材料表面越光滑，则光泽度越高，能够给人带来一种华丽、干净的视觉效果，如油漆、金属材料等；装饰材料表面越粗糙，则光泽度越低，能给人带来一种稳重、厚实的视觉效果，如地毯、壁纸材料等（图1-21、图1-22）。

（6）透明性。透明性是指光线通过物体所表现的穿透程度，如普通玻璃、有机玻璃板等可以透视的装饰材料，透明或半透明材料主要用于需要透光的空间或构造中，如窗户、灯箱、采光顶棚等，在给人带来光亮的同时，还具备阻隔空气、潮湿的作用（图1-23、图1-24）。

二、装饰材料功能与选购

1. 功能

装饰装修的目的是美化建筑环境空间，保护建筑的主体结构，延长建筑空间的使用年限，营造一个舒适、温馨、安逸、高雅的生活环境与工作场所。目前，装饰材料的功能主要表现在以下3个方面。

（1）使用功能。装饰材料应该根据装饰部位的具体情况，具备一定的使用要求，需要能改善空间环境，给人以舒适感。不同部位与场合使用的装饰材料及构造方式应该满足相应的功能需求（图1-25～图1-27）。

（2）保护功能。建筑在长期使用过程中会受到日晒、雨淋、风吹、撞击等自然气候或人为因素的影响，会造成建筑的墙体、梁柱等结构出现腐蚀、粉化、裂缝等现象，从而影响室内空间的使用寿命，这就要求装饰材料具备较好的强度、耐久性、透气性、改善环境等持久性能（图1-28、图1-29）。

（3）装饰功能。装饰工程最显著的效果就是满足室内的装饰美感，室内各基层面的装饰都是通过装饰材料的质感、色彩、线条样式来表现的，一个优质的装饰材料必定拥有良好的装饰功能，并能通过其他材料来改变自身的装饰效果，以此来强化人的视觉印象（图1-30～图1-32）。

图1-25 装饰材料的使用功能

地面铺设实木地板，可起到保温、隔声、隔热的作用，保证上下楼层之间杂音互不干扰，提高生活质量。

图1-26 庭院地面铺装

庭院地面铺设粗糙的天然石板与鹅卵石有助于行走时按摩脚底，同时具备防滑排水的作用。

图1-27 墙、地砖铺装

卫生间铺设墙、地砖可以有效防水，店面外墙挂贴磨光石材也能有效保持墙面干净、整洁。

图1-28 卫生间铺贴瓷砖

在卫生间墙地面铺贴瓷砖，可减少卫生间潮气对水泥墙面的侵蚀，保护建筑结构。

图1-29 墙面涂刷乳胶漆

装饰材料能提高建筑的耐久性，墙面涂刷乳胶漆能有效地保护水泥不被腐蚀。

图1-30 天然石材铺装地面

用于地面铺装的天然石材不经过加工打磨就没有光滑的质感，只有经过表面处理，才能表现其真实的纹理与色泽。

图1-31 原木构造门窗

普通原木非常粗糙，但是经过精心刨切之后，所形成的板材或方材就具备了很强的装饰性，可用于构造门窗。

图1-32 不锈钢饰边发光字

金属材料昂贵，配置装饰玻璃或有机玻璃后，用到精致的细节部位才能体现其自身的价值，不锈钢饰边发光字能够通过材料具有的装饰功能来更细致地展现文字内容。

图1-33 服装店大门

对于空间宽大的大堂、门厅，装饰材料的表面组织可粗犷而坚硬，并可采用大线条的图案，以突出空间的气势。

图1-34 客厅

对于相对窄小的空间，如客厅、居室等，就要选择质感细腻、美观、大方且体型轻盈的材料。

2. 选购

选择装饰材料的关键在于掌握材料的应用方式与实际价值。长期运用传统材料能够轻车熟路，但总依赖于这种方式，将导致创新意识的缺失，使环境空间设计缺乏活力。打破常规，探索并采用创新材料，才是解决这一问题的核心所在。在应用装饰材料时应明确主次。大面积装饰界面可以用常规材料，细节处理上则可以引入时尚、新颖的材料。

（1）从材料外观选购。装饰材料的外观主要指材料的形状、质感、纹理、色彩等方面的直观效果，材料的形状、质感、色彩和图案应与空间氛围相协调，而合理利用装饰材料的外观效果也能使环境空间显得层次分明、精致美观（图1-33、图1-34）。

（2）从材料功能性来选购。挑选装饰材料时须考虑到材料特点，与使用空间的条件相吻合，不损害空间功能性。室内的气候特征，包括温度与湿度等因素及楼层高低都是影响材料选择的重要因素。例如，南方地区气候湿润，应选择含水量较低、复合成分较多的材料；北方地区或高层建筑则适宜选用其他类型的材料。此外，各类装饰材料的质量等级也存在差异，应根据应用区域选择相应品质的材料。例如，在卫生间等潮湿环境中，可使用具备良好防水和防滑性能的饰面砖。而对于使用频率较低的阳台或露台，则可以选择成本较低的经济型饰面砖（图1-35、图1-36）。

图1-35 | 图1-36 | 图1-37 | 图1-38
图1-39 | 图1-40 | 图1-41 | 图1-42

图1-35 厨房装饰材料

厨房的墙面砖应该选择优质砖材，能满足防火、耐高温、遇油污易清洗的基本功能，不宜选择廉价材料。

图1-36 低层建筑装饰材料

1、2层的建筑室内光线较弱，适合选用色彩亮丽、明度较高的饰面材料。

图1-37 木线条样本

在选购木地板时要考虑到特殊色泽的木地板是否能在市场上找到相配的踢脚线。

图1-38 橱柜拉手配件

在选购成品橱柜时要考虑到成品厨柜内的构件是否能在市场上找到相应的更换品等。

图1-39 墙面砖脱落

在选购墙面砖时要考虑到廉价、劣质的水泥砂浆及防水剂可能会造成的墙面砖破裂、脱落等状况。

图1-40 墙体隔音材料

吸音材料种类繁多，一般会议室、报告厅、KTV包房等为了保证隔音效果，都会在墙、顶面装饰构造中加入适当的吸音材料。

图1-41 踢脚线

木地板铺设的墙角处存在缝隙，容易被灰尘污染，需要设计踢脚板来遮掩，既能保洁，又能保护墙角与地板边缘不被磨损。

图1-42 钢结构顶棚

目前钢结构顶棚一般会出现在大型的工厂中，这类顶棚的钢材是裸露在空气中，需要注意做好防锈处理。

（3）从材料搭配上考虑。选用装饰材料时，还应该从配套的完整性以及基层材料的搭配来综合考虑材料的选用，认真比较主材与各配件材料之间的连接问题，对同类材料进行多方比较，寻找最合理的搭配方式（图1-37、图1-38）。

（4）从材料价格考虑。目前，装修费用一般占建设项目总投资的50%～70%，装饰设计应从长远性、经济性的角度来考虑，充分利用有限的资金取得最佳的使用效果与装饰效果。材料的价格关系到投资者与使用者的经济承受能力，在选择过程中要做到货比三家，根据实际情况选择材料的档次（图1-39）。

第二节　怎样进行装饰施工

一、装饰施工的要素和类型

1. 施工要素

施工是使用装饰材料对室内空间进行装饰装修的做法，它是以装饰材料为物质媒介，以施工工艺为技术支持的专业学科。施工首先需要解决承重、抗压等物理问题；其次选择适当的操作手段，在经济、高效、集约的前提下完成施工，最终满足人们的使用需求与审美意识。

（1）功能因素。装饰施工应该满足人们日常生活、工作的要求，并提供舒适的空间环境，这种要求对装饰工程的影响明显，且不同的材料会呈现出不同的构造工艺，最终的装饰效果也截然不同（图1-40、图1-41）。

（2）安全因素。装饰施工与设计的合理性决定了环境空间的使用安全。装饰工程完工后，任何潜在的安全隐患都可能导致使用者在生活与工作中遭受重大损失，因此必须妥善处理装饰结构与建筑主体之间的关系。大多数装饰材料依赖于建筑主体结构，这种结构需要承受装饰材料的附加荷载，因此要通过适当途径将附加荷载传递至主体结构，以避免在装饰施工过程中对主体结构造成破坏，如钢结构楼板与顶棚的构造设计（图1-42）。

（3）材料因素。装饰装修工程的质量、效果与经济性在很大程度上取决于对材料的选择是否合理。我国地大物博，各地区都有丰富且具有特色的建筑装饰材料。因此，利用产地优势，就地取材，是创造装饰设计特色的有效渠道。

图1-43 饰面板材样本

饰面板样本可以让我们清楚地看到木材的纹理，并能感受到表面触感，也会更方便选择合适的板材。

图1-44 木材地板样式

地板样式可以反映出它的价格、所选用的材料、所适用的空间等。

图1-45 石材铺装施工

石材铺装前需要检查所用的石材尺寸是否一致，铺装完成后要用木锤将石材夯实，增加其牢固程度。

图1-46 外墙铺装

外墙铺装瓷砖时要注意及时做好润湿工作，铺贴要对齐砖口和砖沿，铺贴完成后要记得对其表面进行清理，填缝需仔细。

图1-47 设计简约的橱窗

虽然橱窗设计使用了普通装饰材料，但通过施工构造可获取丰富的装饰效果。

一般中低档价格的装饰材料普及率较高，而高档装饰材料，特别是名贵装饰板材，在装饰施工中一般起点缀作用，常用于重点部位。高档装饰材料的运用在于构思与创意，简单堆砌并不能营造良好的环境氛围，中低档装饰材料只要搭配合理，也能达到雅俗共赏的装饰效果（图1-43、图1-44）。

（4）技术因素。必须对细部设计给予充分重视。明确且详尽的细部设计不仅为施工团队提供了精准的执行指南，而且确保了施工活动的精确性。只有在细节上表达得清晰无误，施工过程才能避免错误和偏差。设计师应深入施工现场，掌握前沿的施工技术和工艺，同时结合实际条件进行设计构思，从而提升工程质量、缩短建设周期，并降低工程成本（图1-45、图1-46）。

（5）经济因素。坚持少就是多的原则，施工构造不仅要解决各种不同装饰材料的使用问题，还要考虑这些材料的经济价值，要在现有的经济条件下，创造出经济实惠的装饰效果（图1-47）。

2. 施工类型

（1）基础施工。在装修工程中，基础施工一般采用螺钉、膨胀螺栓等高强度连接件固定，或采用绑扎、焊接、铆接等方式固定，材料厚实，机械强度高，除了讲究材料质量，还要尽量减少构造的体积与重量，避免占用过多空间，或造成开销过大。

基础施工又包括基层构造、骨架构造，是装修施工构造的最内层结构，主要起到固定、承载、强化整个装修构造的作用。由于大多数基础结构都被外部饰面材料遮挡，因此，一般采用强度较高、较厚实的木质、金属材料制作。此外，基础施工构造能将外部所有装饰构造全部连接到建筑结构上，使其与建筑物保持紧密接触（图1-48、图1-49）。

（2）饰面施工。饰面施工又称为覆盖施工，是指覆盖在建筑构件表面，起到保护与美化作用的构造，饰面施工要处理好装饰构造内外连接的方法，它在装饰构造中占有很大比例，具有很强的代表性。

图1-43	图1-44	
图1-45	图1-46	图1-47

图1-48 | 图1-49 | 图1-50
图1-51 | 图1-52 | 图1-53

图1-48 型钢结构焊接楼板

型钢结构焊接楼板需要先在承重墙或混凝土立柱上安装型钢骨架，再采用膨胀螺栓连接或焊接，一定要保证各规格钢材能安全连接。

图1-49 木地板龙骨上铺装防潮毡

在标准装饰构造中铺设实木地板时，要在木龙骨上铺垫木芯板。对于潮湿的安装环境，还需要增加防潮毡。

图1-50 内墙抹灰找平

内墙抹灰找平是为了后期更好地进行涂刷乳胶漆或者铺贴墙纸等工作，施工前需要清洁基层并洒水润湿。

图1-51 钉接木线条

钉接木线条一般会采用专用的钉接工具，钉接孔洞之间的孔距要控制好，所选用的钉子也要尺寸一致。

图1-52 玻化砖挂钩

玻化砖挂钩施工难度较高，危险系数也较大，但比较节省材料。

图1-53 亚克力文字招牌

亚克力材料可以塑造成各种灯箱、招牌，样式美观，创意十足。

1）罩面施工。罩面类饰面施工分为涂刷与抹灰两种。涂刷饰面是指将建筑涂料涂敷于构件表面，并能与基层材料很好地黏接成完整的保护膜；抹灰饰面是建筑物中用以保护与装饰主体工程而采用的最基本的装饰手段之一，根据部位的不同可将其分为外墙抹灰、内墙抹灰、顶棚抹灰（图1-50）。

2）贴面施工。贴面施工非常丰富，主要有铺贴、裱糊、钉接。铺贴施工常用的材料为瓷砖，为了加强黏接力，常在砖体背面用水泥砂浆或专用胶黏剂涂抹并粘贴在墙面上；裱糊施工的材料呈薄片或卷材状，如壁纸、墙布、绸缎、防潮毡、橡胶板或各种塑料板材等；钉接施工一般采用自重轻或厚度小、面积大的板材，如木制品、金属板、石膏板等，可以钉固于基层或加助压条、嵌条、钉头等固定（图1-51）。

3）钩系施工。钩系施工主要分为钩挂与系挂两种方法。厚度在30mm以上的石材、玻化砖或混凝土板块常采用钩挂法，使用预先制成的金属挂钩，将板材侧面的凹槽与之连接，进而将其固定在结构层上，无需借助胶凝材料黏接；厚度在20～30mm之间较薄的石材或人造石材料常使用系挂法，在板材的上方两侧钻小孔，利用铜丝、钢丝或镀锌铁丝将板材与结构层中的预埋铁件相连，最后在板材与结构层之间填充砂浆以实现固定（图1-52）。

（3）配件施工。配件施工又称为装备施工，是指通过各种加工工艺将装饰材料预先制成装饰配件，再运输至施工现场安装，能进一步提高施工效率。

1）塑造与铸造。塑造是指对在常温、常压下呈可塑状态的液态材料，经过一定的物理、化学变化过程的处理，使其逐渐失去流动性与可塑性而凝结成固体；铸造是传统生铁、铜、铝等可熔金属经常采用的成型工艺，在工厂制成各种花饰、零件，然后运到现场进行安装（图1-53）。

2）加工与拼装。木材与木制品具有可锯、可刨、可削、可凿等加工性能，还能通过粘、钉、开榫等方法，拼装成各种配件。加工与拼装构造是最直观的，但是要考虑配件构造的承载性能，避免在施工、使用过程产生脱落、开裂等现象（图1-54）。

3）搁置与砌筑。一般是指水泥、砖块等材料的施工构造，通过一些专用胶凝材料可以将这些分散的块材相互搁置、垒砌，最终成为完整的砌体。装修中常用搁置与砌筑构造的配件有花台、窗台、隔断、搁板和砖砌壁橱等（图1-55）。

图1-54 | 图1-55 | 图1-56

图1-54 切割板材

比较薄的板材可以直接使用美工刀进行切割，较厚的板材则需要使用切割机。

图1-55 花岗岩砌筑花台

花岗岩具有超强的硬度，纹理比较美观，使用花岗岩砌筑的花台同时具备了美观性和承重性。

图1-56 加固立柱结构

加固立柱结构的目的在于增强原有建筑的安全系数，缓解装修与后期配饰的自重比例。

二、装饰施工的发展

目前，随着装饰材料的更新，施工正向安全、完整、环保、高效等方向发展。

1. 注重施工安全

（1）装修施工必须保证建筑结构安全。严令禁止施工人员对现有建筑构造的破坏，禁止在混凝土空心楼板进行钻孔或安装预埋件等行为；不得随意拆除横梁、立柱、剪力墙楼板等承重结构，隔墙的拆除必须事先获得物业管理部门许可，方可施工（图1-56）。

（2）不能超负荷集中堆放材料与物品。普通住宅建筑楼板承重为200kg/m²，商用办公楼、图书馆、工业厂房建筑楼板承重为400kg/m²，具体以建筑施工图或建筑使用说明书为准。避免在楼板的某处集中放置装饰材料和物品，以免对楼板造成损坏。

2. 保障设施完整

（1）施工构造的设计与实施应保持公共设施的完整，不能擅自拆改现有水、电、气、通信等配套设施。

（2）不能影响管道设备的使用与维修。

（3）不能堵塞、破坏上下水管道与垃圾道等公共设施（图1-57）。

（4）不能损坏所在地的各种公共标识。

（5）施工堆料不能占用楼道内的公共空间或堵塞紧急出口，应避开公开通道、绿化地等市政公用设施。

（6）材料搬运中要避免损坏公共设施，造成损坏时，要及时报告有关部门修复。

3. 采用环保工艺

（1）装修施工所用材料的品种、规格、性能应符合设计要求及国家现行有关标准的规定。

（2）在进场施工前，要对主要材料的品种、规格、性能进行验收，主要材料应有产品合格证书，有特殊要求的应使用相应的性能检测报告与中文说明书。

（3）现场配制的材料应按设计要求或产品说明书制作，装修后的室内污染物如甲醛、氡、氨、苯与总挥发有机物，应在国家相关标准规范内。

（4）在设计施工时，应尽量减少胶黏剂的用量，以免造成空气污染，对于膨胀螺栓、钉子的用量也应进行精确计算，避免重复固定而造成浪费。

4. 提高施工效率

（1）设计施工构造的同时要考虑到施工流程，统一安排施工进度，避免出现长期待工、停工的现象（图1-58）。

（2）现代装修材料多采用集成化制作，将装饰材料在工厂、作坊、仓库等场所加工完毕后，再运输至施工现场组装，能降低现场施工、难度和管理成本，提高施工效率（图1-59）。

图1-57 | 图1-58 | 图1-59

图1-57 排水管道

排水管道是室内结构中重要的组成部分,保证排水管道的通畅性也是为了更好地进行后期施工。

图1-58 涂刷防锈漆

在施工时要按照设计要求对相应的构造及其细节部位进行防火、防腐、防锈和防蛀处理。

图1-59 成品货架

使用成品货架一是可以统一店面内的材料样式;二是可以批量购买,比较经济实惠,选择品种也较多。

★ 小贴士

饰面施工的要求

饰面构造的施工品质直接决定装修施工的质量,以下是对饰面施工质量的几点要求。

(1)构造连接稳固。饰面层的稳固附着依赖于结构层的坚实基础,若构造措施不恰当,例如面层与基层材料的膨胀系数不匹配,或黏结材料选择失误及风化作用,均可能导致饰面层的剥落。

(2)饰面分层设计。饰面构造应分多层施工,其厚度与材料的耐久性及坚固性密切相关,因此应确保其具备适当厚度。

(3)表面均匀平整。饰面层的均匀性、平整度、色泽一致性以及美观性,均需在施工过程中得到严格把控。

本章小结

装饰材料与施工工艺在人们生活中扮演着重要的角色。装修施工是一项比较复杂的工作,需要将各个工种组织起来,相互协调,密切配合,才能顺利完成。购买装饰材料的同时需要了解施工工艺,只有掌握更全面的装修知识,最终才能够达到满意的设计效果。

课后练习

(1)根据装饰材料的燃烧性可将其分为哪些种类?

(2)装饰材料的功能有哪些?

(3)怎样对装饰材料进行选购?

(4)进行装饰施工时应考虑那些要素?举例说明。

(5)分组讨论:饰面施工分为哪几种类型?

(6)查阅资料,论述装饰材料施工未来的发展趋势。

(7)咨询身边的人,让他们谈谈对新型装饰材料的看法。

(8)考察中国古典家具,查阅资料,证实木材与涂料中是否存在污染物质,思考如何将传统木材与涂料运用到现代装饰构造中。

运用频繁的成品板材

识读难度 ★★★★☆

核心概念 木质板材、塑料板材、金属板材、复合板材、成品板材施工

章节导读 成品板材是装饰材料中使用最频繁的材料，由于原材料门类繁多，为了保证设计效果与装修品质，一定要注意合理选用成品板材，了解清楚成品板材的性能与施工构造，这对后期的具体设计也会有很大的帮助。目前，许多材料厂商均会将各种质地的原材料加工成不同规格的型材，方便了运输、设计、加工和保养等各个环节。

- 木质板材
  - 木芯板 — 定义、特质、规格和价格、选购
  - 生态板 — 定义、优点、缺点、规格和价格、选购
  - 指接板 — 定义、特质、规格和价格、选购
  - 胶合板 — 定义、特质、应用、规格和价格、选购
  - 纤维板 — 定义、分类
  - 木地板
    - 实木地板
    - 实木复合木地板
    - 强化复合木地板
    - 竹地板
  - 木质板材一览表

- 塑料板材
  - 亚克力板 — 定义、特质、规格和价格、选购
  - 聚碳酸酯板 — 定义、特质、分类
  - 聚苯乙烯板 — 定义、特质、规格和价格、选购
  - 塑料地板 — 定义、分类、规格和价格、选购
  - 塑料板材一览表

- 金属板材
  - 轻型钢板 — 定义、分类
  - 铝合金扣板 — 定义、用途、规格和价格、选购
  - 不锈钢板 — 定义、特质、规格和价格、选购
  - 金属板材一览表

运用频繁的成品板材

- 复合板材
  - 防火板
    - 菱镁防火板
    - 防火装饰板
  - 铝塑复合板
  - 纸面石膏板
  - 吸声板
    - 岩棉吸声板
    - 聚酯纤维吸声板
    - 布艺吸声板
    - 塑木吸声板
    - 中密度纤维吸声板
  - 水泥板
  - 竹木纤维集成墙板
  - 复合板材一览表

- 成品板材施工
  - 木质板材施工
    - 门窗套施工
    - 窗帘盒施工
    - 家具柜件施工
    - 实木地板施工
  - 塑料板材施工
    - 塑料板材镶嵌施工
    - 塑料扣板吊顶施工
  - 金属板材施工
    - 铝合金扣板吊顶施工
    - 薄不锈钢板饰面施工
  - 复合板材施工
    - 铝塑复合板饰面施工
    - 聚酯纤维吸声板
    - 布艺吸声板
    - 吸声棉

第一节　木质板材

一、木芯板

1. 定义

木芯板的最佳材料是杨木和桦木，其结构致密，硬度适中。木芯板的制造工艺主要分为手工拼接和机械拼接两类，手拼板材往往存在接缝不均匀的现象，握钉能力较弱，不适合锯切加工，主要用于特定的装修子项目，如实木地板的基层板材；机拼板材则具有更均匀的拼接效果，承重能力更强，具有结构稳定、不易变形的特点，用于制作各类家具及构造（图2-1、图2-2）。

2. 特质

木芯板以杨木、桦木材种为最好，质地密实，木质不软不硬。木芯板的加工工艺分为手拼与机拼两种。手拼拼接不均匀，缝隙大，握钉力差，不能锯切加工，只适宜做部分装修的子项目，如用作实木地板的基层板等；而机拼板材拼接平整，承重力均匀，长期使用结构紧凑不易变形，适用于制作各种家具及构造（图2-3、图2-4）。

3. 规格和价格

木芯板常见规格为2440mm×1220mm，厚度有15mm与18mm两种，其中15mm厚的木芯板市场价格130元/张左右，主要用于制作小型家具，如台柜、床头柜及装饰构造等，18mm厚的板材为150～180元/张不等，主要用于制作大型家具，如吧台柜及储藏柜等。

4. 选购

（1）一般应挑选表面干燥、平整，节子、夹皮少的板材。

（2）仔细观察板材周边是否有补胶、补腻子现象，胶水与腻子会遮掩残缺部位或虫眼（图2-4）。

（3）可以从木芯板侧面观察，也可以锯开木芯板，检查芯板剖面的质量与密实度。

二、生态板

1. 定义

生态板是将带有不同颜色或纹理的纸放入三聚氰胺树脂胶黏剂中浸泡，然后干燥到一定固化程度，将其铺装在木芯板、指接板、胶合板、刨花板、中密度纤维板等板面，经热压而成且具有一定防火性能的装饰板（图2-5、图2-6）。

2. 优点

生态板主要由表层纸、装饰纸、覆盖纸及基层板构成。该板材所制成的家具具有较强的坚硬性，完成制作后表面自然形成保护性膜层，无需进行上漆处理。生态板具有耐磨性、耐划痕性、抗酸碱性、耐热性及抗污染等优异性能，表面光洁，便于日常的维护与清洁工作。

图2-1 木芯板

木芯板尺寸稳定，能够有效地克服木材的各向异性，同时还具有较高的横向强度，板面也比较美观。

图2-2 木芯板剖面

木芯板剖面纹理细腻，条理清晰，且剖面无明显毛刺，横截面也十分平齐，质地较好。

图2-3 木芯板制作而成的柜子

采用机拼拼接而成的木柜各部位受力均匀，粘黏处咬合紧密，寿命也较长，不易变形。

图2-4 木芯板表面遮盖腻子

选择木芯板样品，仔细观察木芯板周边有无补胶、补腻子的现象，补腻子或补胶过多的为劣质木芯板。

图2-1 ｜ 图2-2 ｜ 图2-3 ｜ 图2-4

图2-5 ｜ 图2-6
图2-7 ｜ 图2-8

图2-5 生态板

生态板环保系数较高，耐用性比较强，样式比较丰富，但不可随意造型，价格较高。

图2-6 生态板应用

生态板所制作的柜子使用寿命较长，样式美观，味道清新，颇受大众喜爱。

图2-7 指接板

指接板比木工板更环保一些，主要分为有节的和没节的，有节的指接板存在疤眼，无节的不存在疤眼，较为美观。

图2-8 指接板应用

指接板在制作过程中，可以保留自身所固有的天然纹理，也可以根据设计需要制作外部贴面，主要用于室内家具与木构造制作，是一种小材大用的低成本装饰型材。

3. 缺点

生态板表面常覆有装饰层。该板材不宜使用气排钉或木钉等传统固定材料，施工人员需使用卡扣件及螺钉进行连接作业。完成主体结构搭建后，要求在板材边缘粘贴塑料或金属条带以遏制板内甲醛向外释放，流程复杂。

4. 规格和价格

生态板的规格为2440mm×1220mm，厚度为15～18mm，其中15mm厚的板材价格为120～240元/张，特殊花色品种的板材价格较高。

5. 选购

选购生态板时，除了挑选色彩与纹理外，主要观察板面有无污斑、划痕、压痕、孔隙、气泡，尤其是颜色光泽是否均匀，有无鼓泡现象，有无局部纸张撕裂或缺损现象。

三、指接板

1. 定义

指接板又称为机拼实木板，由多块经过干燥、裁切成型的实木板拼接而成。指接板的各向抗弯压强度平均，板材材种以杨木、桦木为最好，质地密实，木质不软不硬，握钉力强，不易变形（图2-7、图2-8）。

2. 特质

指接板在生产过程中用胶量比传统木芯板少得多，因此较木芯板更环保。指接板的性能相对稳定，强度为天然实木的1～1.5倍，表面平整，物理性能与力学性能良好，具有质坚、吸声、隔热等特点，含水率在10%～13%之间，加工简便。

3. 规格和价格

指接板常见规格为2440mm×1220mm，厚度主要有12、15、18mm 3种，最厚可达36mm。普通单层指接板厚度为12mm与15mm，市场价格为120元/张左右，主要用于支撑构造；三层板指接板厚度为18mm，市场价格为160元/张左右，主要用于家具、构造的各种部位，甚至装饰面层。

4. 选购

鉴别指接板的质量主要是看芯材年轮，其年轮越多，则说明树龄长，材质不错。不应选择年轮中央与边缘的木料，中央木料是最初生长的木质纤维细胞，容易老化疏松，而边缘的木质纤维含水率高，质地不稳定。

四、胶合板

1. 定义

胶合板又称为夹板，是将椴木、桦木、榉木、水曲柳、楠木、杨木等原木经蒸煮软化后，沿年轮旋切或刨切成大张单板，这些单板通过干燥后纵横交错排列，使相邻两张单板的纤维相互垂直，再经加热胶压而成的人造板材（图2-9）。

2. 特质

胶合板质量较轻，表面纹理清晰，具有卓越的强度和绝缘性。该板材能有效克服天然木材存在的不足，如节子、幅面有限、易变形、纵横向强度不一等问题，生产该板材时不产生锯末，大幅降低了对原木的浪费。胶合板变形小，幅面尺寸大，便于施工且不会出现翘曲现象，其横纹的抗拉力学较好。

3. 应用

胶合板主要用于装修中木质制品背板、底板的制作，由于厚薄尺度多样，质地柔韧、易弯曲，也可以配合木芯板用于结构细腻处，这也弥补了木芯板厚度均一的问题；还可用于制作隔墙、弧形吊顶、装饰门面板和墙裙等构造（图2-10）。

4. 规格和价格

胶合板常见规格为2440mm×1220mm，厚度根据层数增加，一般为3~22mm多种，市场销售价格根据厚度不同而不等。常见9mm厚的胶合板价格为50~80元/张。

5. 选购

一般选购木纹清晰、表面无滞手感的板材，如果有条件应当将板材剖切，仔细观察剖切截面。单板之间均匀叠加，不应有交错、裂缝或腐朽变质等现象（图2-11、图2-12）。

五、纤维板

1. 定义

纤维板是人造木板的统称，也称密度板材。该类板材的生产主要以各类木质纤维素作为原

图2-9 ┃ 图2-10 ┃ 图2-11 ┃ 图2-12

料基础，经过打碎、纤维分离和干燥等步骤后施以胶黏性物质，通过热压工艺最终形成（图2-13）。

2. 分类

（1）装饰纤维板。目前，市面上的纤维板多覆以彩色喷塑装饰层，其外表色泽斑斓，品种多样，而且提供了极高的选择自由度。

1）应用。装饰纤维板表面经过压印、贴塑等处理方式，被加工成各种装饰效果，广泛应用于装修中的家具贴面、门窗饰面、墙顶面装饰等部位（图2-14）。

2）规格和价格。装饰纤维板的规格为2440mm×1220mm，厚度为3～25mm不等，常见的15mm厚中等密度覆塑纤维板价格为80～120元/张。以最普及的中密度纤维板为例，优质板材应该非常平整，厚度、密度应该均匀，边角没有破损，没有分层、鼓包、碳化等现象，无松软部分。

（2）波纹板。波纹板是纤维板的一种，其特性与纤维板相同，质地紧密，隔音、隔热、绝缘、抗弯曲性较好，生产原料来源广泛，成本低廉，但是对加工精度与工艺要求高（图2-15、图2-16）。

1）规格和价格。波纹板规格为2440mm×1220mm，厚度为10～25mm不等，常见15mm厚的素板价格为80～100元/张，彩色板、金银箔板等特殊产品价格为180～400元/张。

2）选购。挑选板材时应细致入微地审视板面状况，关注其是否平整，是否存在污点、水迹或胶痕等瑕疵，板材边缘应结实无毛刺。为评估板材质量，可轻敲板面，若发出的声音清脆，表明纤维板质地优良；若声音沉闷，则可能出现散胶或分层等问题。

3）吸声板。在常规高密度纤维板基础上经过特殊加工形成的具备吸声特性的装饰性板材。

图2-13	图2-14
图2-15	图2-16

图2-13 纤维板

纤维板的构造致密，隔音、隔热、绝缘、抗弯曲性较好，生产原料来源广泛，成本低廉，但是对加工精度与工艺要求高。

图2-14 装饰纤维板制作的家具

装饰纤维板制作的家具色泽亮丽，纹样丰富，十分美观。

图2-15 波纹板展示

波纹板的产品类别很丰富，如素板、纯白板、彩色板、金银箔板等，表面造型立体流畅，颜色缤纷多彩。

图2-16 波纹板应用

波纹板可以根据设计要求，定制成不同的图案、颜色和造型，四周还可拼接，实用性比较强。

1）特质。吸声板表面柔顺、丰富，有多种色彩纹理可供选择，可以拼装多种花色或图案，能满足各种中高档装修的需求。吸声板结合各种吸声材料的优点，采用天然纤维板热压成型，其装饰性强，施工简便，能通过简单的切割设备，变换出多种造型（图2-17、图2-18）。

2）规格和价格。吸声板的规格为2440mm×1220mm，厚度为18～25mm不等，常见18mm厚的覆面吸声板价格为200～300元/张。

3）选购。选购时，要注意板材厚度应均匀，板面应平整、光滑，没有污渍、水渍、黏迹；四周板面细密、结实、不起毛边。

（4）刨花板。刨花板又称为微粒板、蔗渣板，也有进口高档产品称为定向刨花板或欧松板。

1）特质。刨花板结构均匀，加工性能优异，可根据具体需求被加工成大幅面板材，在吸声和隔声方面也表现出色。但该板材的边缘处理较为粗糙，易受潮（图2-19、图2-20）。

2）规格和价格。刨花板的规格为2440mm×1220mm，厚度为3～75mm不等，常见19mm厚的覆塑刨花板价格为80～120元/张。

3）选购。要注意板材的边角质量，板芯与饰面层的接触应紧密、均匀，不能有缺口；可用手抚摸未饰面刨花板的表面，优质品应该比较平整，无木纤维毛刺。

六、木地板

由于木材的导热性适合人体体温，并且方便开采、加工，于是常用木材作为地面铺设材料。

1. 实木地板

实木地板是以天然木材为原料，经过加工处理后形成条状或块状的地面铺

图2-17 ｜ 图2-18
图2-19 ｜ 图2-20

图2-17 吸声板样本
吸声板表面覆盖有塑料装饰层，具有条状开孔，背后覆盖有软质纤维材料，通过多种材料叠加，从而起到吸声作用。

图2-18 吸声板应用
吸声板可用于音乐厅、影剧院、录音室、监听室、会议室、体育馆、展览馆、静音室等声学场所，也可作大型建筑的吸声墙板和天花吊顶板。

图2-19 刨花板
刨花板在裁板时容易造成参差不齐的现象，不宜现场制作，需加工后再现场组装。

图2-20 定向刨花板表面
定向刨花板表面纤维清晰可见，视感比较凌乱，但某一方向的强度比较高。

设材料。实木地板在选材方面具有较高要求，其品质和价位根据所选树种的不同而呈现出明显差异。

（1）分类。实木地板根据材料品种可以分为国产阔叶材地板、国产针叶材地板和进口材地板。

1）国产阔叶材。国产阔叶材包括榉木、柞木、花梨木、檀木、楠木、水曲柳、槐木、白桦、红桦、枫桦、檫木、榆木、黄杞、白蜡木、红桉、柠檬桉、核桃木、楸木、樟木、椿木等树种（图2-21）。

2）国产针叶材。国产针叶材有红松、落叶松、红杉、铁杉、云杉、油杉、水杉等树种（图2-22）。

3）进口材。进口材包括紫檀、柚木、花梨木、酸枝木、榉木、桃花芯木、甘巴豆、大甘巴豆、龙脑香、木夹豆、乌木、印茄木、重蚁木、白山榄长、水青冈等树种（图2-23）。

（2）特质。高品质实木地板具有轻质、高弹性、结构简约及易于施工等优势，具有独特的自然纹理，与其他装饰物呈现出良好的搭配性。优质实木地板无污染，地板中含有的挥发性物质具有抗菌、稳定神经的作用，使其成为理想的地面装饰材料。但实木地板对酸碱物质的耐受性较差，且易燃性使其应用范围受到限制，通常仅用于室内地面铺设（图2-24、图2-25）。

（3）规格和价格。实木地板的规格根据不同树种来订制，宽度为90～120mm，长度为450～900mm，厚度为12～25mm。优质实木地板表面经过烤漆处理，应具备不变形、不开裂的性能，含水率均控制在10%～15%之间，中档实木地板的价格一般为300～600元/m²。

（4）选购。选购时，应观测实木地板的精度，开箱后可取出几块地板观察，看拼装缝隙与相邻板间高度差，用手平抚感到无明显高度差即可；采用0号砂纸打磨地板表面，观察漆面是否脱落，注意识别实木地板的真实树种，不要为商品名所惑，要弄清材质，注意地板背面材料与正面是否一致。

2．实木复合木地板

（1）特质。实木复合地板是利用木材或木材中的优质部分作为表层，采用材质较差或成本

图2-21 国产阔叶材：水曲柳

水曲柳用途较广，其中含有的香豆素成分具备很好的免疫、抗菌、抗氧化和防虫等性能。

图2-22 国产针叶材：落叶松

由落叶松制成的板材具有良好的密度性，可以直接作为沙发和床体家具的制作原材。

图2-23 进口材：重蚁木地板

重蚁木地板比较重，耐磨性和握钉力都比较好，但加工比较困难，适宜制作普通、拼花和承重地板及细木工制品和枕木。

图2-24 实木地板

实木地板是天然木材经烘干、加工后形成的地面装饰材，脚感舒适，使用安全，是卧室、客厅、书房等地面装修的理想材料。

图2-25 实木地板与踢脚线

实木地板的踢脚线要和实木地板的纹理、色彩相对应，选择价格实惠、使用长久的踢脚线是再好不过了。

| 图2-21 | 图2-22 | 图2-23 |
| 图2-24 | | 图2-25 |

图2-26 实木复合地板

实木复合地板干缩湿涨率小，具有良好的尺寸稳定性，纹理自然，脚感舒适，兼具美观性和环保性。

图2-27 实木复合地板背面

实木复合地板背面纹理清晰，整体质量稳定，易打理和清洁，安装也十分简单，不容易损坏。

图2-28 强化复合木地板样本

强化复合木地板样本囊括了地板的材质、规格、样式、色彩、价格等相关信息，选购时可以查看。

图2-29 打磨表面

在阳光充足的环境下使用砂纸打磨强化复合木地板的表面，观察其表面是否有明显磨痕和掉渣现象。

低廉的木材作中间层或底层，经高温高压制成的多层结构的地板。实木复合地板不仅合理利用了优质材料，提高了地板的装饰效果，而且也增强了地板的力学性能（图2-26、图2-27）。

（2）规格和价格。实木复合地板的规格与实木地板相当，宽度为90～120mm，长度为450～900mm，厚度为12～25mm，但价格要比实木地板低，中档产品一般为200～400元/m²。

（3）选购。要注意观察表层厚度，表层板材越厚，耐磨损的时间就越长，进口优质实木复合地板的表层厚度一般在4mm以上。可以用卷尺实测或与不同品种相比较，拼合后观察实木复合木地板的榫槽结合是否严密，结合的松紧程度如何，拼接表面是否平整等。

3. 强化复合木地板

（1）特质。强化复合木地板由多种材料复合构成。其主要构成自上而下可分为：耐磨层、印刷层、高密度板层、缓冲层和防潮层。耐磨层用于防止底层材料遭受磨损；印刷层具有丰富纹理和色彩的饰面纸，用于装饰板面；高密度板层由木纤维和胶浆在高温高压条件下压制而成；位于高密度板层下方的缓冲层和防潮层，则主要负责防止材料裂变和受潮，保护底层板不受损害（图2-28）。

（2）规格和价格。强化复合木地板的规格长度为900～1500mm，宽度为180～350mm，厚度为8～18mm，厚度越高，价格越高。目前市场上售卖的复合木地板以12mm厚的产品居多，价格为80～120元/m²。

（3）选购。用0号粗砂纸在地板表面反复打磨，约50次，如果没有褪色或磨花，则说明产品质量不错；注意观察企口的拼装效果，可拿两块地板拼装后观察企口是否整齐、严密，此外，用鼻子仔细闻一下，如果没有刺激性气味就说明质量合格（图2-29）。

4. 竹地板

（1）特质。竹地板是竹子经处理后制成的地板，与木地板相比，竹地板具有良好的质感，

图2-30 ｜ 图2-31

图2-30 竹地板

竹地板拥有良好的力学性能，板面不易变形和开裂，耐磨性好，也不会轻易出现翘曲现象。

图2-31 竹地板剖面

优质的竹地板剖面应光滑、平齐，且淋漆均匀，表面覆盖有防潮层，色泽十分均匀，无明显色差。

组织结构细密，材质坚硬，具有较好的弹性，脚感舒适，装饰自然而大方（图2-30）。

（2）规格和价格。由于竹地板生产对竹材的竹龄有一定要求，一般需达3～4年以上，在生产中就限制了原料的来源，增加了生产成本，中档竹地板产品价格一般为150～300元/m²，具体规格与实木地板相当。

（3）选购。应注意材质品种，正宗楠竹的纤维较其他竹材更坚硬密实，抗压抗弯强度高，耐磨、防潮、密度高、韧性好、伸缩性小；仔细观察竹地板的侧面与剖面胶合技术，竹地板经高温、高压胶合而成，优质竹地板是六面淋漆，并粘贴防潮层（图2-31）。

七、木质板材一览表（表2-1）

表2-1　　　　　　　　　　　　木质板材一览表

名称	图例	性能特点	用途	参考价格
木芯板		质地密实，木质不软不硬，不易变形	室内家具、装饰构造主体制作以及柜门、台面制作等	2440mm×1220mm，厚15mm，130元/张，厚18mm，150～180元/张
生态板		耐磨损，耐酸碱，耐高温，抗污染性较强，板材表面平整光洁	室内家具制作以及构造饰面装饰	2440mm×1220mm，厚15mm，120～240元/张，特殊花色价格较高
指接板		用胶量少，性能稳定，表面平整，吸声隔热	室内家具与木构造制作	2440mm×1220mm，厚12mm，120元/张，厚18mm，160元/张
胶合板		重量轻，纹理清晰，强度高，变形小	制作木质制品的背板和底板；制作隔墙、弧形吊顶等	2440mm×1220mm，厚9mm，50～80元/张，80～120元/张

名称		图例	性能特点	用途	参考价格
纤维板	装饰纤维板		色彩丰富，可塑性强，装饰效果好	家具贴面，门窗饰面以及墙顶面装饰	2440mm×1220mm，厚15mm，80～120元/张
	波纹板		隔声、隔热、绝缘、抗弯曲性好，成本低廉	室内家具制作	2440mm×1220mm，厚15mm，80～100元/张，彩色板，180～400元/张
	吸声板		环保、阻燃，能有效隔绝噪声和高温，表面光滑，质感柔韧，有多种色彩纹理可供选择	室内吸声墙板和天花吊顶板	2440mm×1220mm，厚18mm的覆面吸声板，200～300元/张
	刨花板		结构均匀，加工性能好，吸声和隔声性能好	室内家具制作	2440mm×1220mm，厚19mm，覆塑刨花板，80～120元/张
木地板	实木地板		自重轻，弹性好，施工方便，无污染	室内地面装饰铺装	厚12～25mm，中档，300～600元/m²
	实木复合木地板		尺寸稳定性好，纹理自然，脚感舒适，美观、环保	室内地面装饰铺装	厚12～25mm，中档，200～400元/m²
	强化复合木地板		尺寸稳定性好，耐磨性好，不易变形	室内地面装饰铺装	厚8～18mm，厚12mm居多，80～120元/m²
	竹地板		不易开裂、变形，耐磨，色泽淡雅，色差小	室内地面装饰铺装	厚12～25mm，中档，150～300元/m²

第二节　塑料板材

一、亚克力板

1. 定义

亚克力板又称为聚甲基丙烯酸甲酯板或有机玻璃板，简称PMMA板，是一种常见的装饰塑料板材，应用范围广泛（图2-32）。

2. 特质

（1）亚克力板可分为浇铸板与挤出板。浇铸板拥有较高的密度和卓越的刚度、强度，以及对抗化学品的优异性能，适用于建筑装修领域的现场小规模加工，且产品规格多样，款式丰富（图2-33）。

（2）亚克力板可通过加工制成发光灯箱，色彩斑斓，表面光滑平整，在日间和夜晚都能呈现出较好的视觉效果；挤出板的密度较低，机械强度不及亚克力板，适合进行折弯和热加工处理，快速真空吸塑成型（图2-34）。

（3）亚克力板可着色，能通过喷漆、丝网印刷及真空镀膜等多种手段进行加工，制作成透明无色、彩色以及珠光等不同外观。该材料无毒性，燃烧过程中释放的气体亦无毒性。

3. 规格和价格

亚克力板常见规格为2440mm×1220mm、1830mm×1220mm、1250mm×2500mm、2000mm×3000mm，厚度为1～50mm不等，价格也因此不同。常用的2440mm×1220mm×3mm透明PMMA板的价格为20～30元/张。

4. 选购

（1）应注意中高档的亚克力板双面都会贴有覆膜，普通产品只一面有覆膜，覆膜表面应该平整、光洁，没有气泡、裂纹等瑕疵。

（2）可以用手剥揭亚克力板，能感到具有次序的均匀感，无特殊阻力或空洞的为优质品。

二、聚碳酸酯板

1. 定义

生态聚碳酸酯板简称为PC板，主要成分是聚碳酸酯，它的透光率最高可达90%，可与玻璃相媲美，表面镀有抗紫外线（UV）涂层，在太阳光下曝晒不会发黄、雾化，能阻挡紫外线穿过，比较适合保护贵重艺术品及展品，使其不受紫外线破坏。

2. 特质

（1）聚碳酸酯板的抗撞击强度是普通玻璃的250～300倍，是同等厚度亚克力板的30倍，是

图2-32 亚克力板

亚克力板是有机玻璃的替代产品，透光性能好，表面色泽纯正，美观平整。

图2-33 亚克力板制作展柜

亚克力板制作的展柜透光度好，色彩艳丽，呈现的展示效果也十分不错。

图2-34 亚克力板制作发光文字

亚克力板显性好，所制作的发光文字能够被很好地突显出来。

图2-32 | 图2-33 | 图2-34

图2-35 阳光板

阳光板具有优良的物理机械性能，尤其是耐热性与耐低温性较好，能在-40~110℃下长期使用。

图2-36 阳光板应用

由于阳光板具有良好的透光性，采光性也十分好，可以用于花房、采光罩、阳光顶棚等的制作。

图2-37 亚克力板阳光顶棚

亚克力板适于制作阳光顶棚，也可用于制作装修吊顶、推拉柜门等构造。

图2-38 耐力板

耐力板的最大特点是耐冲击性能好，是普通玻璃的200倍，几乎没有断裂的危险性。

图2-39 耐力板揭膜

耐力板表面会有一层保护膜，揭膜后耐力板表面十分光滑、透亮。

图2-40 耐力板应用

PC耐力板可以用于制作名牌板，也可制作成各种家具或构造，如展示台柜、书柜、酒柜，适合展示小件装饰品，在灯光照射下，不会产生玻璃偏蓝色、绿色的效果。

图2-41 耐力板制作灯箱

耐力板适用于各种装饰背景墙、招牌中的发光灯箱，特别适合不便于安装玻璃的狭小空间、弧形空间。

| 图2-35 | 图2-36 | 图2-37 |
| 图2-38 | 图2-39 | 图2-40 | 图2-41 |

钢化玻璃的10倍，但是其质量仅为玻璃的50%，可节省运输、搬卸、安装及支撑框架的成本。

（2）聚碳酸酯板燃烧时不会产生有毒气体，不会助长火势的蔓延。

（3）聚碳酸酯板可以依照设计方案在施工现场采用冷弯或热弯工艺加工成拱形。

3. 分类

（1）阳光板。阳光板又称为聚碳酸酯中空板、玻璃卡普隆板，是以高性能聚碳酸酯（PC）树脂加工而成，是一种无定型、无臭、无毒、高度透明的热塑性材料（图2-35、图2-36）。

1）特质。阳光板是中空的多层或双层结构，主要有白、绿、蓝、棕等颜色，透明度高、质轻、抗冲击、隔声、隔热、难燃、抗老化，是一种高科技、综合性能极其卓越、节能环保型的塑料板材，是目前国际上普遍采用的塑料材料（图2-37）。

2）规格和价格。阳光板的规格为2440mm×1220mm，厚度有4mm、5mm、6mm、8mm等多种，色彩主要有无色透明、绿色、蓝色、蓝绿色、褐色等，适用性非常强，如果需要改变阳光板的颜色，可以在板材表面粘贴半透明有色PVC贴纸，5mm厚阳光板价格为60~100元/张。

3）选购。材料表面的光洁度值得注意。高质量产品表面光滑平整，其竖向结构的凸起感微弱，或几乎无法察觉，将板材弯曲，优异的产品能够轻松完成首尾对接，弯曲弧度流畅自然，且在恢复至原始状态后不会出现变形；低质产品在弯曲后则往往呈现出椭圆形或不规则圆形。

（2）耐力板。耐力板又称为聚碳酸酯实心板、PC防弹玻璃、PC实心板等，有厂商将耐力板继续加工成波浪造型，变成实心耐力瓦，有透明、湖蓝、绿、茶、乳白等多种颜色。

1）特质。耐力板还具备有良好的透明性，采光极佳，透光率高达90%，而其透明度可与玻璃相媲美。优质产品的表面覆有UV（抗紫外线）剂，可吸收紫外线，并转化为可见光，户外可保证10年不褪色。耐力板不仅不自燃，并具有自熄性（图2-38~图2-41）。

2）规格和价格。耐力板的规格为2440mm×1220mm，厚度为2~15mm，也有厂家可以生产宽度达到2500mm的产品。常见4mm厚的透明耐力板价格为30~50元/张。

3）选购。优质产品表面都贴有保护膜，用手揭开保护膜的边角。如果揭开幅度均匀，膜与板材之间的结合度好则说明质量不错；如果表膜上存在划痕、气泡，则说明板材表面已被外力划伤，则不宜选购。

三、聚苯乙烯板

1. 定义

聚苯乙烯板又被称为泡沫板或聚苯乙烯塑料板，简称PS板，以聚苯乙烯为主要原料，经挤出而成型，是一种热塑性板材。聚苯乙烯板容易成型，但是耐热性太低，只有80℃，不能耐沸水，性脆且不耐冲击，易老化出现裂纹，易燃烧，燃烧时会冒出大量有毒黑烟（图2-42）。

2. 特质

聚苯乙烯板不耐高温、易脆裂、且抗冲击性能较弱，很少作为高端装饰材料。使用该板材时应重视防火措施，需将聚苯乙烯板置于防火构造内或与火源保持一定距离。在构建石膏板隔墙或设计隔墙家具时，常在墙体龙骨与板材间隙填充具有一定厚度的聚苯乙烯板，随后覆以石膏板等覆盖材料，以实现优异的隔音性能（图2-43）。

3. 规格和价格

聚苯乙烯板规格为2000mm×1000mm，厚度为3~120mm，其中40~60mm厚的板材最常用，价格为15~20元/张。

4. 选购

（1）要注意产品的质地，优质产品应该富有弹性，用手用力按压会立即内凹，稍候能均匀反弹直至恢复原状。

（2）优质的聚苯乙烯板应为白色，而米黄色、浅蓝色的杂质较多，为二次加工产品，至于颜色更深的中黄色、土黄色、蓝绿色等产品的弹性就更差了，其隔声效果也不好。

（3）可以用手掂量板材，优质产品应该特别轻盈，能用手指轻松拾起，稍有空气流动即会被吹动，而劣质产品较重，容易用手掰断或掰裂。

四、塑料地板

1. 定义

塑料地板即采用塑料材料铺设的地板，是以高分子树脂为主要原料而制成的地面覆盖材料。塑料地板具有较好的耐燃性与自熄性，其性能可以通过增添各种添加剂来变化，因此塑料地板的使用面最广。

2. 分类

（1）块材。块材地板的优点是若出现局部破损，可以局部更换而不影响整个地面的外观，但是接缝较多，施工速度较慢（图2-44）。

（2）卷材。卷材地板大部分产品厚度只有0.8mm，纹样自然、逼真，有仿木纹、仿石纹、

图2-42 | 图2-43

图2-42 聚苯乙烯板
聚苯乙烯板能自由着色，无味无毒，不会滋生细菌，具有刚性、绝缘、印刷性好等优点，主要用于装饰构造中的隔声、保温层，以及轻质板材的夹芯层。

图2-43 聚苯乙烯防潮垫
较单薄的聚苯乙烯板也被称为聚苯乙烯防潮垫，可以用于木地板铺装的基层。

图2-44 | 图2-45

图2-44 塑料地板：块材

块材地板为硬质或半硬质地板，质量可靠，颜色有单色或拉花两个品种，其厚度≥1.5mm，属于低档地板。

图2-45 塑料地板：卷材

卷材适合于铺设客厅和卧室地面，选购时宜选优等品或一等品，建议零售，需要多少购多少，避免浪费。

仿织物纹样图案，装饰效果好，脚感舒适，不易引起火灾，表面耐磨强度高（图2-45）。

3. 规格和价格

塑料地板的价格与地毯、木质地板、石材、陶瓷地面材料相比，其价格相对便宜。常见的软质卷材地板成卷销售，也可以根据实际使用面积按直米裁切销售，一般产品宽度为1.8～3.6m，10m/卷，裁切铺装地面，均价格为15～20元/m²。

4. 选购

（1）高品质产品外表平整光滑，无任何压痕、折痕或脱胶现象，且边缘规整，切割整齐。产品表面不应出现凹凸不平和色泽不均等瑕疵，且无裂痕。

（2）可使用360号砂纸打磨塑料地板表面，重复10～20次，打磨后无褪色或划痕即为合格。

（3）可以用4H绘图铅笔在地板表面进行用力刻划，如果没有划伤即为合格。

五、塑料板材一览表（表2-2）

表2-2　　　　　　　　　塑料板材一览表

名称		图例	性能特点	用途	参考价格
亚克力板			具有良好的透光性能，色彩丰富，使用寿命长	室内隔声门窗、橱窗及采光罩制作	2440mm×1220mm×3mm，20～30元/张
聚碳酸酯板	阳光板		物理机械性能良好，耐热性和耐低温性能都比较好，透明度高	室内装修吊顶、装饰墙板、推拉门及阳光顶棚等的制作	2440mm×1220mm，厚5mm，60～100元/张
	耐力板		耐冲击性能好，透明性好，采光性好，不易褪色	室内家具、背景墙等制作	2440mm×1220mm，厚4mm，30～50元/张
聚苯乙烯板			无味无毒，能自由着色，绝缘性和印刷性好，但不耐热，不耐冲击	室内隔温层和保温层及轻质板材的夹芯层制作	2000mm×1000mm，厚40～60mm，15～20元/张

名称	图例	性能特点	用途	参考价格
塑料地板		耐热性和自熄性好，使用范围广	室内地面装饰铺装	裁切后，15～20元/卷

第三节　金属板材

一、轻型钢板

1. 定义

轻型钢板属于冷轧钢板，又称为白铁板，表面具有特殊镀层来保护钢板，质地较轻且硬度较高，具有很高的应用价值。由于普通钢板受潮即会产生氧化锈蚀，因此要在表面加上耐腐保护层，一般耐腐镀层为镀锌或镀铝锌。

2. 分类

（1）镀锌钢板。该材料主要由冷轧钢板构成，其特点是厚度较薄。为了提升其耐腐蚀性能，该钢板表面被涂覆一层金属锌，从而形成镀锌板（图2-46）。

1）分类。根据镀锌工艺的不同可分为热浸镀锌钢板与电镀锌钢板。热浸镀锌钢板是将薄钢板浸入熔融的锌槽，在其表面附上一层锌；电镀锌钢板通过电镀技术生产，具有优异的加工性能，但电镀锌层相对较薄，因此在耐腐蚀方面不如热浸镀锌钢板。

2）规格和价格。镀锌钢板的规格为2500mm×1250mm，厚度为0.5～3mm不等，其中1.2mm厚的产品比较硬朗，使用频率较高，价格为150～200元/张。

（2）镀铝锌钢板。高镀铝锌钢板是一种新型轻钢板产品，表面镀层由55%的铝锌合金、43%的锌、2%的硅组成。镀铝锌钢板的耐腐蚀性主要是铝产生作用，当锌受到磨损时，铝便形成一层致密的氧化铝，阻止耐腐蚀物质进一步破坏内部（图2-47）。

1）特质。镀铝锌板的正常使用寿命可达25年以上，耐热性很好，可用于300℃的高温环境，镀层与漆膜的附着力好，具有良好的加工性能。由于镀铝锌钢板的热反射率很高，是镀锌钢板的2倍，在装修中常用来制作隔热构造，如暖气或空调的管道围合，还可以用于户外烟囱管、灯罩等构造。

图2-46 | 图2-47

图2-46 压花镀锌钢板

压花镀锌钢板硬度高，表面覆盖有大小一致的花纹，经专业机器压缩成型，目前使用频率较高。

图2-47 镀铝锌钢板

镀铝锌钢板表面会呈现出特有的银白色星花，特殊的镀层结构使其具有了优良的耐腐蚀性。

2）规格和价格。镀铝锌钢板的规格为2500mm×1250mm，厚度为0.5~3mm不等，其中1.2mm厚的产品比较硬朗，使用频率较高，价格为200~250元/张。

二、铝合金扣板

1. 定义

铝合金扣板简称铝扣板，是通过对较薄铝合金板材进行裁剪与冲压加工制成，是目前较为流行的装修材料。安装时，铝合金扣板需与龙骨配合使用，其尺寸还需与各类电器、灯具及设备相匹配。因此，铝扣板吊顶系统正逐步向更方便的集成吊顶系统转变（图2-48、图2-49）。

2. 用途

由于纯铝的强度不高，目前用于集成吊顶的铝合金扣板材料均为铝质合金材料，市场上销售的铝合金扣板材质由高到低依次为铝镁合金、铝锰合金、普通铝合金、返炼铝合金等。铝合金扣板主要用于厨房、卫生间、餐厅、走道、封闭阳台等空间的吊顶，也可以根据设计要求用于特殊部位，如户外屋檐下（图2-50、图2-51）。

3. 规格和价格

铝合金扣板的形式主要有条形与方形两种，条形铝合金扣板长度为1~6m，一般需定制加工，宽度为50~200mm，方形铝合金扣板使用频率最高，板面规格一般为300mm×300mm，也有其他定制的特殊规格，两种板材的厚度一般为0.6~1mm，价格为60~120元/m²。需要定制加工的板材一般为集成吊顶，需要厂商上门测量后统一设计制作。

4. 选购

（1）注意板材厚度达到0.8mm即可，很多采用原料不纯、品质不高的回收铝材制作的铝合金扣板，厚度反而很厚。

（2）选取一块样板，用手折弯，劣质铝材很容易变形且不会恢复，优质铝材则会迅速反弹。

三、不锈钢板

1. 定义

不锈钢板是指耐空气、蒸汽、水等弱腐蚀介质与酸、碱、盐等化学浸蚀性介质腐蚀的钢板。不锈钢板按制法可以分热轧与冷轧2种，在装修中常用的产品较薄，包括0.02~4mm厚的薄板与4~20mm厚的中板。不锈钢薄板一般须在基层安装木芯板，再将不锈钢板粘贴上去。如果用于户外，也可以采取挂贴的方式施工，8mm厚的不锈钢板可以裁切成板条，用于户外庭院的栏板制作（图2-52）。

2. 特质

不锈钢板表面可加工成白色不反光、哑光或高光泽等多种质地，通过化学浸渍着色工艺，可被赋予棕色、蓝色、黄色、红色及绿色等色彩。此类板材表面光滑，可塑性良好，具有优异

图2-48 铝合金方形扣板

铝合金方形扣板颜色多，装饰效果十分不错，且材质具备良好的耐候性，适合大众选用。

图2-49 铝合金扣板配套龙骨

铝合金扣板配套龙骨可以完好地固定铝合金扣板，且能支撑吊顶造型，其主龙骨和次龙骨之间的间距一定要控制好。

图2-50 铝合金条形扣板安装

条形扣板安装需要控制好纵向间距，以及灯具的具体安装间距和位置。

图2-51 铝合金方形扣板安装

方形扣板安装需要注意扣板缝隙处的细节处理，且安装后需加固。

图2-48 | 图2-49 | 图2-50 | 图2-51

图2—52 ｜ 图2—53

图2-52 不锈钢板

不锈钢板具备良好的耐腐蚀性，这种性能取决于它自身所含的合金元素，主要包括镍、钼、钛、铌、铜、氮等，以满足各种用途。

图2-53 不锈钢板制作背景墙

不锈钢板表面十分光亮，所制作的背景墙具有良好的视觉效果，且容易擦洗。

的韧性、机械强度和耐腐蚀性，因此受到广泛应用。不锈钢板的处理方式繁多，包括普通平板、磨砂处理板、拉丝纹理板、镜面抛光板、冲压成型板以及彩色装饰板等（图2-53）。

3. 规格和价格

常用的不锈钢板规格为2400mm×1200mm，厚度为0.6～1.5mm，其中1mm厚的产品使用最多，价格根据产品型号不同，201型不锈钢板为300元/张，304型不锈钢板为500元/张。

4. 选购

（1）不锈钢板表面应平整光洁，不应有不合理的波折起伏。应根据板材承受压力时的强度需求来选择符合强度的规格。

（2）选择不锈钢板厚度时应充分注意，板材厚度不足时易发生弯曲，厚度过大时会增加钢板重量，增加成本和操作难度。因此，根据具体应用场景的需求，合理选择不锈钢板的厚度至关重要。

四、金属板材一览表（表2-3）

表2-3 金属板材一览表

名称		图例	性能特点	用途	参考价格
轻型钢板	镀锌钢板		耐腐蚀，加工性好	金属家具，构造围合，顶棚制作	2500mm×1250mm，厚1.2mm，150～200元/张
	镀铝锌钢板		耐热性好，使用寿命长，表面导电性好，加工性能好	顶棚、墙壁部位制作，还可用于灯罩等构造	2500mm×1250mm，厚1.2mm，200～250元/张
	铝合金扣板		颜色多，装饰效果好，耐候性	室内吊顶扣板制作	0.6～1mm，60～120元/m²

名称	图例	性能特点	用途	参考价格
不锈钢板		表面光洁，有良好的塑性、韧性和机械强度，且耐腐蚀性也十分不错	室内踢脚线、腰线及背景墙等制作	2400mm×1200mm，201型，300元/张，304型，500元/张

第四节　复合板材

一、防火板

防火板又称耐火板，是先使用三聚氰胺与酚醛树脂的浸渍工艺处理原纸，如钛粉纸、牛皮纸等，然后再将其置入高温、高压环境制成的一种具备较好防火性的板材。该板材可分为菱镁防火板、防火装饰板等几种，主要起到防火、装饰的作用。

防火板质量较轻，质感细腻，耐久性较好，封边形式较多，色彩可选性较多，加工与施工都很方便。该板材具备较好的保温性、隔热性、防火性、耐磨性等性能，且能很好地抗渗透，日常使用不会轻易褪色，清洁也十分方便。

1. 菱镁防火板

菱镁防火板规格主要为2440mm×1220mm，厚度为3～18mm，外观有素板、装饰板多种，其中8mm厚的素板价格为20～30元/张（图2-54）。

2. 防火装饰板

防火装饰板规格为2440mm×1220mm，厚度为0.8～1.2mm，其中0.8mm厚的板材价格为20～30元/张，特殊花色品种的板材价格较高（图2-55）。

防火板鉴别方法如下。

（1）看包装。仔细查看板材包装，优质品牌产品均有塑料薄膜覆盖。

（2）看板芯质地。注意观察板芯质地是否均匀，表面是否平整，劣质板材的板芯孔隙较大且不均衡。

（3）看外观。要注意识别板材质量，优质防火板表面应图案清晰透彻、效果逼真、立体感强，且没有色差，表面平整光滑、耐磨（图2-56）。

二、铝塑复合板

铝塑复合板，简称铝塑板，指以聚乙烯树脂（PE）为芯层，两面为铝材的3层复合装饰板材，铝材表面的涂层多采用耐候性能优异的氟碳树脂（图2-57）。

铝塑复合板具备较好的防火性能与耐冲击性，且材质轻，易加工，耐候性、自洁性、加工性等也十分不错，外部经过喷涂塑料，色彩艳丽丰富，长期使用不褪色，表面铝材经过清洗与预处理，能清除铝材表面的油污、脏物等各种氧化层，能保证铝材与涂层与芯层牢固黏接（图2-58）。

铝塑复合板的规格为2440mm×1220mm，厚度多为3～6mm。普通板材为单面铝材，又称为单面铝塑板，厚度以3mm居多，价格为40～50元/张；质地较好的板材多为双面铝材，平整度较

(a) 菱镁防火板实物

(b) 菱镁防火板结构示意图

模压封装层
无机混合物层
模压封装层

(a) 防火装饰板实物

(b) 防火装饰板结构示意图

防火牛皮纸层
胶膜纸装饰层

图2-54	图2-55
图2-56	
图2-57	图2-58

图2-54 菱镁防火板

菱镁防火板属于A1级不燃板材，是采用氧化镁、氯化镁、粉煤灰、农作物秸秆等工农业废弃物，添加多种复合添加剂制成的防火材料。该板材质地均匀、密实，质量稳定，加工安装性能卓越，韧性优越，不易断裂，可直接涂饰涂料或直接贴面。

图2-55 防火装饰板

防火装饰板由高档装饰纸、牛皮纸经过三聚氰氨浸染、烘干、高温高压等工艺制作而成，具体构造是由表层纸、色纸、基纸（多层牛皮纸）3层组成。该板材具有较好的抗冲击性、柔韧性、耐磨、耐划等性能。

图2-56 防火板鉴别方法

（a）注意查看防火板有无产品商标，产品表面覆膜是否完整等，优质防火板表面覆膜应无破损。

（b）能承受明火燃烧20分钟以上无损毁。

（c）可用手触摸板材，感受其表面是否凹凸不平，并查看其整块板面颜色、肌理是否一致，优质防火板触感平滑，表面色泽也一致。

（d）色彩样式与纹理丰富，图案清晰柔和。

图2-57 铝塑复合板

铝朔复合板是新型的建筑装饰材料，可用于建筑外墙、旧楼改造翻新、室内墙壁、天花板装修等。

图2-58 铝塑复合板制作吊顶

铝塑复合板可用于易磨损、受潮的家具、构造外表，也可用于对平整度要求很高的部位，如大面积装饰背景、吊顶等。

(a) 菱镁防火板表面平整度

(b) 菱镁防火板燃烧测试

(c) 防火装饰板表面纹理

(d) 防火装饰板色彩样式

图2-59 铝塑复合板鉴别

（a）仔细观察板材厚度与截断面，查看各层材料厚度是否均衡。
（b）优质铝塑复合板色彩纹理丰富，产品线广，色彩饱和精准，无模糊昏暗感。

(a) 观察截面　　　　　　　　　　(b) 观察色彩

高，厚度以5mm居多，其中铝材厚度为0.5mm，价格为100～120元/张。

　　铝塑复合板鉴别方法如下：

　　（1）测量板材厚度。注意观察板材厚度，板材的四周应非常均匀，目测不能有厚薄不一的感觉。

　　（2）观察板材表面。观察板材表面贴膜是否均匀，优质产品表面应无任何气泡、划痕或脱落等缺陷（图2-59）。

三、纸面石膏板

　　纸面石膏板，简称石膏板，是以半水石膏与护面纸为主要原料，以特制的板纸为护面，经加工制成的板材。

　　纸面石膏板具有独特的空腔结构，隔声性能良好，表面平整，板与板之间通过接缝处理形成无缝表面，表面可直接进行装饰，该板材还具有可钉、可刨、可锯、可粘的性能，施工非常方便，主要可用于室内装饰（图2-60）。

　　普通纸面石膏板的规格为2440mm×1220mm，厚度有9.5mm与12.5mm两种，这个厚度规格是出厂规格，实际用于施工中的石膏板会脱水，最终实际厚度分别为9mm与12mm，标称9.5mm厚的产品价格为20元/张。

　　纸面石膏板鉴别方法如下。

　　（1）看外观。观察并抚摸板材表面，优质纸面石膏板表面平整光滑，且无气孔、污痕、裂纹、缺角、色彩不均、图案不完整等现象。

图2-60 纸面石膏板

耐火型纸面石膏板的板芯内增加了耐火材料与大量玻璃纤维，切开石膏板，可以从断面处看见很多玻璃纤维。

耐水型纸面石膏板的板芯与护面纸均经过了防水处理，能用于连续相对湿度<95%的使用场所，如卫生间、厨房等。

普通型纸面石膏板的板芯呈白色，灰色纸面，适用于无特殊要求的使用场所，价格低廉。

(a) 看纸面石膏板外观

(b) 纸面石膏板剖面

(c) 揭护面纸

图2-61 纸面石膏板鉴别

（a）在光线充足的地方观察纸面石膏板，优质品上下两层护面纸应十分结实，且板面色彩十分均匀。

（b）从纸面石膏板的剖面可以很清楚地看到其内部纤维构造，而良好的纸面石膏板剖面也应当是光滑、平整的。

（c）选取纸面石膏板样品，揭开纸面石膏板，如果护面纸与石膏芯层间出现撕裂，则表明板材粘结不良。

（2）看质地。注意查看纸面石膏板的质地是否密实，有没有空鼓现象，越密实的石膏板越耐用。

（3）看板芯与护面纸的粘结性。可随机找几张板材，在端头露出石膏芯与护面纸的地方，用手揭护面纸，如果护面纸出现层间撕开，则表明板材的护面纸与石膏芯粘结良好（图2-61）。

四、吸声板

吸声板泛指具有吸声功能的装饰板材，板材根据材质不同类别不同，但是统一特征为板材中存在大量孔洞。当声音穿过时会在孔洞中起到多次反射、转折，声能量促使吸声板的软性材料发生轻微抖动，最终将声能转化成动能，从而达到降低噪声的作用。

吸声板具有吸声、环保、易除尘、易切割、阻燃、隔热、保温、防潮、防霉变、稳定性好、抗冲击能力好、独立性好、可拼花、施工简便、性价比高等优点，颜色可选性较多，可满足不同风格与层次的吸声装饰需求。该板材既可用于大剧院、音乐厅、体育馆、展览馆、影剧院、录音室、监听室、会议室等空间，也可用于大型公共建筑的吸声墙板、天花吊顶板等的制作。吸声板的材质品种丰富，价格相差较大，主要根据适用环境和部位来选用。

1. 岩棉吸声板

岩棉吸声板规格为1000mm×600mm、1200mm×600mm、1200mm×1000mm，厚度10～120mm不等，用于装修施工中的产品厚50mm左右，表面无覆膜的板材价格为20～30元/m^2（图2-62）。

2. 聚酯纤维吸声板

聚酯纤维吸声板规格为2440mm×1220mm，厚度为5mm、9mm，其中9mm厚的产品价格为100～150元/张（图2-63）。

图2-62 | 图2-63

图2-62 岩棉吸声板

岩棉装饰吸声板是以天然岩石，如玄武岩、辉长岩、白云石等为主要原料，经高温熔化、纤维化而制成的无机质纤维板。该板材主要可用于石膏板吊顶、隔墙的内侧填充。

图2-63 聚酯纤维吸声板

聚酯纤维吸声板是将聚酯纤维经过热压，从而形成致密的板材。该板材能满足各种通风、保温、隔声的设计需要，适用于隔音要求较高的空间，如会议室、KTV包房等室内墙面铺装。

图2-64 布艺吸声板

布艺吸声板是在质地较软的离心玻璃棉表面覆盖防水铝毡与软织物饰面，采用树脂固化边框或木质封边而成。该板材具有装饰、吸声、减噪、防火、无粉尘污染、装饰性强等多功能作用。

图2-65 塑木吸声板

塑木吸声板采用木质纤维粉末与树脂胶黏合，经过高温挤压铸模成型，多为凸凹条形构造，其中还有圆孔能吸收声波，板材边缘有凹槽企口，安装插接方便快捷。

图2-66 中密度纤维吸声板

（a）以厚22mm中密度板为基础材料，表面加工有凹槽造型，内部有圆孔，侧边有锁扣能快速穿插安装，板材背后有厚1mm聚酯纤维吸声板。这是一种比较高级的成品吸声板。

（b）中密度纤维吸声板适用于面积较大的会议厅墙面装饰，吸声效果好，价格低廉，安装方便。

图2-67 岩棉吸声板鉴别

（a）在光线充足的地方观察吸声板，优质品不会出现白黄不一的现象。

（b）优质品表面应当蓬松，起伏均匀，且富有一定弹性。

（c）选取板材样品，剖切后查看其侧面，优质品侧面材料纤维切断痕迹光滑、平整。

图2-64 | 图2-65
图2-66
图2-67

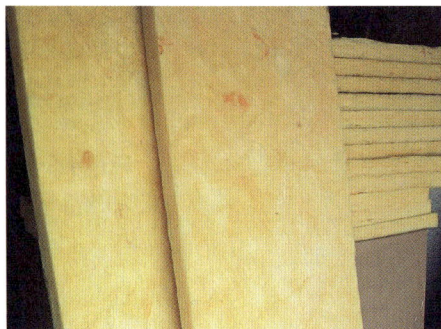

(a) 中密度纤维吸声板样品　　　　(b) 中密度纤维吸声板会议厅室内装饰

3. 布艺吸声板

布艺吸声板规格为1200mm×600mm、600mm×600mm、600mm×400mm，厚度为25mm或50mm，厚25mm的布艺吸声板价格为120～160元/m^2（图2-64）。

4. 塑木吸声板

塑木吸声板规格为2440mm×180mm×18mm，产品价格为50～70元/张（图2-65）。

5. 中密度纤维吸声板

中密度纤维吸声板规格为2440mm×200mm×22mm，价格为150～180元/张（图2-66）。

以岩棉吸声板为代表，鉴别方法如下。

（1）看表面。注意仔细观察吸声板表面的颜色是否一致，是否有划痕、斑驳等缺陷。

（2）触摸板面。优质产品吸声板触感细腻，且不会有较明显的毛刺感，板材的软硬度适中，抬起板材一端时也不会轻易发生折断。

（3）看侧面。应注意基层材料是否达到环保标准，优质吸声板的侧面胶块应当分布均匀（图2-67）。

(a) 看吸声板表面　　　　(b) 看表面蓬松度　　　　(c) 看吸声板侧面

图2-68 普通水泥板

普通水泥板的主要成分是水泥、粉煤灰、沙子，价格越便宜水泥用量越低。

图2-69 纤维水泥板

纤维水泥板添加了矿物纤维、植物纤维等作为增强材料，从而使水泥板的强度、柔性、抗折性、抗冲击性等得到提升。

图2-70 纤维水泥压力板

纤维水泥压力板是在生产过程中由专用压机压制而成，它的防水、防火、隔声性能更高，承载、抗折、抗冲击性更强。

图2-68 | 图2-69 | 图2-70

五、水泥板

水泥板是以水泥为主要原材料加工生产的一种建筑平板，是一种介于石膏板与石材之间、可以自由切割、钻孔、雕刻的建筑产品，但是价格远低于石材，是目前比较流行的装修材料。该板材主要包括普通水泥板、纤维水泥板、纤维水泥压力板等几种（图2-68～图2-70）。

水泥板具有较好的防火性、防水性、防虫性、隔声性等性能，该板材耐腐蚀性也比较好，且坚实耐用，抗弯折、抗冲击等性能也优于石膏板。

水泥板的规格为2440mm×1220mm，厚度为6～30mm，特殊规格可以预制加工，厚10mm的产品价格为100～200元/张。

水泥板鉴别方法如下。

（1）看密度。板材的质量与密度密切相连，可以根据板材重量来判断，优质水泥压力板的密度为1800kg/m^3。

（2）看表面。观察水泥板表面平滑度与厚度，查看其表面是否凹凸不平。

（3）看质地。观察板材的质地，优质水泥板应平整坚实，可采用0号砂纸打磨板材表面，优质品不应产生太多粉末，伪劣产品或硅酸钙板的粉末较多（图2-71）。

六、竹木纤维集成墙板

集成墙板是一种集成化室内墙面装饰材料。集成墙板的材料品种主要为铝锰合金、实木、人造石材、纳米纤维、竹木纤维等多种。目前具有代表性的集成墙板材料为竹木纤维集成墙

(a) 观察水泥板表面

(b) 看水泥板质地

图2-71 水泥板鉴别

（a）在光线充足的环境下，观察水泥板表面的纹理与平整度，优质水泥板十分平整；（b）取适当的砂纸轻轻打磨水泥板表面，观察掉粉情况，优质品少掉粉或不掉粉。

板。竹木纤维集成墙板采用竹材与木材纤维为原料，经过成型挤压制成，中心内空，具有隔声效果，色彩、尺寸、形状可以根据需求定制。甲醛释放量只有0.2mg/升，远低于人造板材E0级0.5mg/升标准，是一种绿色环保产品。

竹木纤维集成墙板强度高，表面色彩花纹丰富，且有多种配套收口装饰条，方便施工，可锯、可钉、可刨，所以说这种产品安装起来也是比较方便，可采用插口、卡扣等安装方式。能替代传统壁纸、乳胶漆等墙面装饰材料，能有效防止霉变、脱落等现象。安装时可直接用螺钉安装在墙上，不采用基础骨架，操作方便简单，节省室内空间（图2-72、图2-73）。

竹木纤维集成墙板规格多样，宽度为300mm、400mm、600mm、1220mm，长度为2440mm，长度还可以定制为3000mm、6000mm，厚度为9mm，中空壁厚为2.5mm左右，价格为25～35元/m²。此外，竹木纤维集成墙板还有各种配套装饰线条，在设计安装中能根据需要搭配（图2-74）。

图2-72 竹木纤维集成墙板

竹木纤维集成墙板表面花色品种多，不同厂家都有自己的设计特色，板材中央为空心状态，左右两侧有企口，方便安装。

图2-73 室内装饰应用

竹木纤维集成墙板完全能替代传统壁纸、乳胶漆等材料，并能在墙面塑造各种分隔体块造型，形式多样，需要精心设计。

图2-74 竹木纤维集成墙板与装饰线条的应用

竹木纤维集成墙板配套装饰线条品种多样，与墙板配合能制作出各种风格造型墙面，墙板之间的金属卡扣件应用能提高板材的安装效率。

图2-72	图2-73
图2-74	

| (a) 观察表面 | (b) 测量厚度 | (c) 燃烧板材 | (d) 比较配件 |

图2-75 成品墙板鉴别

（a）自重较大的板材质量较好，太轻的材料内部发泡严重，容易变形。优质板材表面平整度高，表面纹理均匀平整。

（b）在光线充足的环境下，观察板材截断面，用卡尺测量厚度，看是否与标称的数据一致。

（c）用打火机烧烤板材，观察烟雾与气味，优质产品不能恶臭。

（d）品牌产品的配件齐全，踢脚线、收口线条规格形式多样，且饰面工艺与板材一致。

成品墙板鉴别（图2-75）方法如下。

（1）闻气味。正品材料应当有淡淡的竹木香味，那么这种就是比较好，点火燃烧时，如果有PVC的恶臭，就属于劣质产品。

（2）看颜色。优质产品的截断面颜色为米黄色，注意观察截断面处应当无黑色颗粒，如果发黑则说明原料有霉变。

（3）掂量重量。用手掂量竹木纤维集成墙板的重量，需要比较同类产品，较重的材料里面含有钙粉，比较结实，太轻的材料使用后容易发泡严重。

七、复合板材一览表（表2-4）

表2-4　　　　　　　　　　　复合板材一览表

名称		图例	性能特点	用途	价格
防火板	菱镁防火板		韧性优越，具备良好的防火性，安装比较方便	填充轻钢龙骨隔墙，填充家具、门板等装修构造中的缝隙	2440mm×1220mm×8mm，素板，20～30元/张
	防火装饰板		耐磨、耐划痕、抗冲击性与柔韧性好	室内家具制作，构造饰面装饰	2440mm×1220mm×0.8mm，20～30元/张，特殊花色价格较高
铝塑复合板			色彩艳丽丰富，不易褪色，不易沾染油污	制作装饰背景墙，立柱、吊顶等	2440mm×1220mm×3mm，40～50元/张；2440mm×1220mm×0.5mm，100～120元/张
纸面石膏板			隔声效果好，表面平整，可钉、可刨、可锯，施工方便	隔墙与背景墙制作	2440mm×1220mm×9.5mm，20元/张

名称		图例	性能特点	用途	价格
吸声板	岩棉吸声板		质量轻，导热系数小，吸热性好，且隔燃、保温	石膏板吊顶制作，隔墙内侧填充	厚50mm，20～30元/m²
	聚酯纤维吸声板		保温、环保、易加工，抗冲击性强，维护简单	室内墙面铺装	2440mm×1220mm×9mm，100～150元/张
	布艺吸声板		吸声、减噪、防火、无粉尘污染，装饰性强，施工简便	室内隔声墙、背景墙等制作	厚25mm，120～160元/m²
	塑木吸声板		表面有凹槽和圆孔，能吸收声音，厚度小，安装便捷	室内墙面局部吸声装饰	2440mm×180mm×18mm，50～70元/张
	中密度覆塑纤维吸声板		表面有凹槽或圆孔，内部有圆孔，能吸收声音，饰面色彩丰富，厚度大	室内墙面整体吸声装饰	中密度厚22mm，150～180元/张
水泥板			具备一定的防火、防水、防腐、防虫、隔声等性能	铺贴在墙面、地面、家具、构造表面，同时可以用在卫生间等潮湿环境	2440mm×1220mm×10mm，100～200元/张
竹木纤维集成墙板			吸声、减噪、色彩纹理丰富，安装方便，综合性能好	室内墙面铺装	厚9mm，25～35元/m²

第五节　成品板材施工

一、木质板材施工

1. 门窗套施工

门窗套用于保护门、窗边缘墙角，防止生活中的无意磨损，门窗套还适用于门厅、走道等狭窄空间的墙角。

図2-76 | 図2-77 | 図2-78 | 图2-79
图2-80 | 图2-81 | 图2-82 | 图2-83

图2-76 清理门窗套内框

图2-77 找平并钉接木芯板

图2-78 制作门套

图2-79 门套边侧与门框衔接

图2-80 门套边框预留空间

图2-81 粘贴木皮门窗套

图2-82 木质线条对角成45°

图2-83 刷油漆并用砂纸打磨

图2-84 门套构造

门套制作时应注意饰面板接头为45°，饰面板与门套套板面结合应紧密、平整，饰面板或线条盖住抹灰墙面应不小于10mm。

图2-85 窗帘盒基层制作

图2-86 内部用木芯板封底

图2-87 滑轨滑轨凹槽深度为150mm左右

图2-85 | 图2-86 | 图2-87

（1）施工方法。首先，清理门窗洞口基层，改造门窗框内壁，修补整形，放线定位，根据设计造型在窗洞口钻孔并安装预埋件；其次，根据实际施工环境对门窗洞口作防潮处理，制作木龙骨或木芯板骨架安装到洞口内侧，并做防火处理，调整基层尺寸、位置、形状；紧接着，在基层构架上钉接木芯板、胶合板或薄木饰面板，将基层骨架封闭平整；最后，钉接相应木线条收边，对钉头做防锈处理，全面检查（图2-76～图2-83）。

（2）施工要点。门窗洞口应方正垂直，预埋件应符合设计要求，并做防腐处理；根据洞口尺寸，门窗中心线与位置线，用木龙骨或木芯板制成基层骨架，并做防潮、防火处理，横撑位置必须与预埋件位置重合；基层骨架应平整牢固，表面须刨平，安装基层骨架应方正，除预留出板面厚度外，基层骨架与预埋件的间隙应用胶合板填充，并连接牢固；安装洞口基层骨架时，一般先上端，后两侧，洞口上部骨架应与紧固件连接牢固，饰面板颜色、花纹应协调一致；板面应略大于搁栅骨架，大面应净光，小面应刮直，木纹根部应向下，长度方向需要对接时，花纹应通顺，接头位置应避开视线平视范围，接头应留在横撑上（图2-84）。

2.窗帘盒施工

窗帘盒一般有两种形式，一种是装修空间中有吊顶，窗帘盒隐蔽在吊顶内，在制作顶部吊顶时就一同完成；另一种是装修空间中无吊顶，窗帘盒固定在墙上或与窗框套成为整体，无论哪种形式，窗帘盒都要与墙、顶面紧密结合起来。

（1）施工方法。首先，清理墙体及天花板基础层，放线定位，在墙、顶面位置进行钻孔作业并安装预埋件；然后，制作木龙骨或木芯板窗帘盒，并做防火处理，安装后调整其尺寸、定位及形态；接着，将装饰性面板固定在窗帘盒上，利用木线条收边，对固定钉头进行防锈处理，确保接缝处平滑无缝；最后，安装窗帘滑轨，整体检查与微调（图2-85～图2-90）。

（2）施工要点。窗帘盒的规格为高100mm左右，单杆宽度为120mm左右，双杆宽度为150mm以上，长度最短应超过窗口宽度300mm，窗口两侧各超出150mm，最长可与墙体一致；制作窗帘盒使用木芯板，如饰面为清油涂刷，应采用与窗框套同材质的饰面板粘贴，粘贴面为窗帘盒的外侧面与底面；贯通式窗帘盒可直接固定在两侧墙面及顶面上，非贯通式窗帘应使用金属支架（图2-91）。

3. 家具柜件施工

常见木质柜件包括鞋柜、电视柜、装饰性酒柜、书柜、衣柜、储藏柜及多种木质隔板，在木构工程中占有较大比重。下面以衣柜的制作过程为例，解析其施工技巧与制作要点。

（1）施工方法。首先，清理制作衣柜的墙面、地面、顶面基层，放线定位，根据设计造型在墙面、顶面钻孔，放置预埋件；然后，对板材涂刷封闭底漆，根据设计要求制作指接板或木芯板柜体框架，调整柜体框架的尺寸、位置、形状；接着，将柜体框架安装到位，制作抽屉、柜门等构件，钉接饰面板与木线条收边，对钉头作防锈处理，将接缝封闭平整；最后，安装铰链、拉手、挂衣杆、推拉门等五金件，全面检查调整（图2-92～图2-108）。

楼板/墙体
木方入墙
60mm木线条
圆钉钉接
15mm木芯板
气排钉
窗帘滑轨
9mm石膏板
窗帘
木饰面板
石膏装饰线条
螺钉

图2-91 窗帘盒构造

窗帘盒施工时为了保证窗帘盒安装平整，两侧距窗洞的长度应该相等，安装前要预先放线定位。

图2-92 刷清漆封闭木质纤维

图2-93 放线定位

图2-94 切割板材

图2-95 刨子抛光板材侧边

图2-96 气枪固定线条

图2-97 利用空间制作柜件

图2-98 保持距离防止受潮

图2-99 侧面用木质线条遮盖

图2-100 制作好柜件框架

图2-101 板材分配均衡

图2-102 薄木贴面板贴到木芯板上

图2-103 安装抽屉滑轨

图2-104 滑轨需对齐平行

图2-105 开关抽屉测试

图2-106 衣柜抽屉宽度800mm

图2-107 顶部柜门为内嵌式

图2-108

图2-109

图2-110 图2-111 图2-112 图2-113

图2-108 粘贴装饰贴纸

图2-109 衣柜板材构造

衣柜制作时需要注意到柜板承重的问题，木质装饰线条收边时应与周边构造平行一致，连接应紧密均匀。

图2-110 清理地面并放线定位

图2-111 使用电锤钻孔

图2-112 钉接木龙骨

图2-113 校对木龙骨平整度

（2）施工要点。用于制作衣柜的指接板、木芯板、胶合板必须为高档环保材料，无裂痕、无蛀腐，且用料合理；制作框架前，板材表面内面必须涂刷封闭底漆，靠墙的一面须涂刷防潮漆，柜体深度应≤700mm，单件衣柜的宽度应≤1600mm，过宽的衣柜应分段制作再拼接，板材接口与连接处必须牢固；平开门的门板宽度一般应≤450mm，高度应≤1500mm，最好选用E0级18mm厚高档木芯板制作；薄木饰面板表面不能有缺陷，在完整的饰面上不能看到纹理垂直方向的接口，平行方向的接缝也要拼密，其他偏差范围应严格控制在有关审美范围之内；装饰面板时，要注意将该处的强、弱电线拉出，出线孔的位置、标高应符合原始设计要求；饰面板拼接花纹时，接口紧密无缝隙，木纹的排列应纵横连贯一致，安装时尽可能采用气排钉固定，控制钉孔的数量与明显度（图2-109）。

4. 实木地板施工

实木地板施工比较复杂，为了保障施工质量，不能在操作中删减材料与工艺。

（1）施工方法。首先，清理房间地面，放线定位，根据设计图纸进行钻孔作业并安装预埋件；然后，对木龙骨与地面进行防潮、防腐处理，铺设防潮垫，随后将木芯板钉附在木龙骨上；再次进行线位定位；接着，由内而外铺设木地板，用专业地板钉进行固定，并安装踢脚线和分隔条；最后，对地板进行调整与修补，并进行打蜡养护（图2-110～图2-117）。

实木地板铺装时要注意，安装龙骨时，要用预埋件固定木龙骨，预埋件应该为膨胀螺栓，不能采用水泥钉替代，预埋件间距应≤600mm，应从地面钻孔向楼板内安装。

图2-119 塑料板材镶嵌构造

塑料板材镶嵌施工时，如果采用胶水黏接，表面不能看到明显痕迹，需要待全部构造制作完毕后才能揭开塑料板材的表面覆膜。

图2-114	图2-115	图2-116	图2-117
图2-118		图2-119	

图中标注：15mm厚本芯板、30mm×40mm木龙骨、实木地板拼接、螺钉固定、防潮垫、40mm角形钢、地面楼板、膨胀螺栓、木线角、5mm厚胶合板、钢钉钉接、木踢脚线、外饰面板、气排钉、螺钉固定、15mm木芯板、镶嵌塑料板、玻璃胶黏接、外饰面板、40mm型钢、镶嵌塑料板、气排钉、螺丝固定

（2）施工要点。木地板安装前应进行挑选，剔除有明显质量缺陷的不合格品；将颜色花纹一致的预铺在同一空间内，有轻微质量缺欠但不影响使用的，可以铺设在床、柜等家具底部，同一空间的板材厚度应一致；铺装实木地板应避免在大雨、阴雨等气候条件下施工，最好能够保持室内温度、湿度的稳定；如果地面基层不平整，应该用水泥砂浆找平后再铺贴木地板，基层含水率应≤15%，实木地板要先安装地龙骨，再铺装木芯板，龙骨应使用松木、杉木等不易变形的树种，木龙骨、踢脚板背面均应进行防腐处理；铺实木地板时应采用木芯板作为基层板，对于防潮性较好的房间或高档实木地板也可以直接铺设在防潮垫上（图2-118）。

二、塑料板材施工

塑料板材在现代装修施工构造中不会单独使用，而是依靠其他材料为骨架或基层进行制作，常见的施工构造为塑料板材镶嵌与塑料扣板吊顶两类。

1. 塑料板材镶嵌施工

镶嵌构造是指将厚度适宜的塑料板材镶嵌在金属、木质、塑料框架中，从而形成围合结构，适用于透光灯箱、推拉门窗等构造。

（1）施工方法。首先，选择合适的框架材料，进行加工与组装；然后，对塑料板材进行裁剪加工，并根据需求进行打孔或安装连接件；接着，将其嵌入已组装好的框架结构内部，固定边条或螺丝；最后，对结构进行适时调整与修补，必要时可利用胶黏剂加固。

（2）构造要点。塑料板材镶嵌的边框材料各异，没有明确要求，但是边框强度应大于镶嵌板材的强度；塑料板材的厚度一般为3~15mm不等，过薄或过厚应采取其他加强措施，塑料板材镶嵌至边框中，周边与边框的接触面宽度应≥5mm，不能有明显松动；如果采用螺丝固定，其间距应≤400mm（图2-119）。

2. 塑料扣板吊顶施工

（1）施工方法。首先，根据设计在吊顶部位放线定位，在顶面、周边墙面安装膨胀螺栓；然后，对木龙骨材进行裁切加工，制作成龙骨架，安装在膨胀螺栓上；接着，采用专用图钉将塑料扣板依次固定在木龙骨上；最后，固定周边装饰线条，并进行调整。

（2）施工要点。塑料扣板的基层龙骨规格应根据施工面积来选用，一般采用30mm×40mm或50mm×70mm，如果吊顶面积过大，还应采用轻钢龙骨作加强支撑；龙骨架安装时应适当在中央部位起拱，即中央部位应高出周边约5～10mm，能避免日后塑料扣板下垂；如需在扣板上安装灯具、电器、设备，应根据产品实际尺寸开口，开口应精确，周边装饰线条仍需采用专用图钉安装在边龙骨上，而不能用胶水黏接（图2-120）。

三、金属板材施工

金属板材的施工较为简单，通常会利用多种连接配件，如连接件、钢丝以及铆钉等固定板材，局部区域可采用焊接技术连接，下面重点讲述铝合金扣板吊顶以及薄不锈钢板饰面的施工。

1. 铝合金扣板吊顶施工

（1）施工方法。首先，安装吊杆，下方挂接预制金属龙骨；接着，将铝合金扣板的边缘或背部嵌入金属龙骨；最后，对周边装饰线条进行固定，并进行调整（图2-121～图2-126）。

（2）施工要点。铝合金扣板的形式主要有条形与方形两种，只是安装方法略有不同，都是需要预先安装吊杆、金属龙骨等固定件，布置好水电管线、设备后再扣接板材，最后采用配套铝合金边角线条修饰转角即可；铝合金扣板的龙骨一般都是配套产品，如果吊顶面积过大，还应采用轻钢龙骨作加强支撑，龙骨架安装时应适当在中央部位起拱，即中央部位应高出周边约

图2-120 塑料扣板吊顶构造

塑料扣板吊顶施工时要注意，安装扣板应从空间内部（靠窗）向外（靠门）逐块安装，图钉固定间距一般应不大于200mm。

图2-121 裁切安装在边缘的板材

图2-122 安装吊杆与连接件

图2-123 根据规格定制覆面龙骨间距

图2-124 提前安装排气管

图2-125 插接扣板

图2-126 揭掉扣板表层薄膜

图2-120		
图2-121	图2-122	图2-123
图2-124	图2-125	图2-126

楼板/墙体
木方入墙
30mm×40mm木龙骨
圆钉固定
泡钉固定
塑料扣板
塑料角线

图2-127 铝合金扣板吊顶构造立体图

立体图形象地讲述了铝合金扣板施工时所需要的材料和具体的结构层次，是施工的一个有效依据。

图2-128 铝合金扣板吊顶构造正面图

正面图从另一个角度呈现了铝合金扣板吊顶的结构层次。

图2-129 铝合金扣板吊顶构造侧面图

侧面图有效地呈现了铝合金扣板吊顶和顶面边缘接触与连接时所运用到的施工方法和施工层次。

图2-130 薄不锈钢板饰面构造

施工时需要注意厚度大于2mm的不锈钢板可以在板材背后焊接挂件，指接钩挂在基层金属骨架上，挂接点之间的距离应不大于≤400mm。

图2-131 薄不锈钢板饰面门套

薄不锈钢板饰面门套钢板的裁切、弯压均采用了专用设备，不会变形。

图2-127	图2-128	图2-129
图2-130		图2-131

5～10mm，能避免日后扣板下垂；安装扣板时应从空间内部（靠窗）向外（靠门）逐块安装，如需在扣板上安装灯具、电器、设备，应根据产品实际尺寸开口，开口应精确；周边装饰线条仍需采用专用连接件安装在边龙骨上，而不能用胶水黏接（图2-127～图2-129）。

2．薄不锈钢板饰面施工

（1）施工方法。首先，根据设计图纸在施工区域放线定位，在周边的基础结构上固定膨胀螺栓；然后，裁剪并加工木质龙骨或木基板材，搭建基本框架，并将其装配在膨胀螺栓之上；接着，通过弯压技术将薄型不锈钢板加工成所需形状，利用强力万能胶将其粘附在木质基层上；最后，在接缝和边角部位填充玻璃胶，实现密封（图2-130）。

（2）施工要点。薄不锈钢板饰面构造一般采用厚0.8～1.2mm的不锈钢板，方便弯折，基层木芯板的厚度应为18mm厚，不宜采用单层指接板；不锈钢板拼接的缝隙一般应呈45°倾斜，不应产生缝隙，此外，由于不锈钢板价格较高，还要考虑不锈钢板加工或使用时应留的余量（图2-131）。

四、复合板材施工

复合板材由于材质不同，施工都不一样，但是都有一定的施工规律，用于室外的复合板材一般采取钉接、挂接的方式，需要采用金属、木材制作基层龙骨；用于室内的复合板材还可以采用黏接、扣接等方式，但是一般限于厚度≤5mm且质地轻盈的复合板材。

1．铝塑复合板饰面施工

（1）施工方法。首先，根据设计在施工部位放线定位，采用木龙骨或型钢制作龙骨；然后，裁切15mm厚木芯板制作基层，将其钉接在龙骨上；接着，裁切铝塑复合板，采用强力万能胶粘贴在基层木芯板上；最后，在边角缝隙处填补密封胶，进行密封处理（图2-132）。

（2）施工要点。铝塑复合板饰面构造的基层一般采用木芯板，不应采用其他材料，建筑外墙安装也可以在铝塑复合板背后开孔，采用连接件挂接在金属龙骨上，挂接点之间的距离应≤400mm；铝塑复合板弯折时一般不宜裁切断开，应在弯折内侧切断表层铝板，并将芯层切除90°凹角，弯折后外表无任何缝隙；铝塑复合板的裁切、弯压应采用专用工具，不能直接手工弯压，避免发生变形，应采用聚氨酯环氧树脂胶粘贴或填补缝隙，不能采用其他替代产品。

2. 水泥板饰面

（1）施工方法。首先，对基础界面进行清理，并放线定位，根据设计图纸，在屋顶、地面及立面进行钻孔，并安装相应的预留构件；然后，切割水泥板，在预埋件安装部位打孔；接着，通过螺栓或螺钉将水泥板固定在预留构件上；最后，用混合水泥浆填充钻孔及接缝，或利用预制构件修饰，并对施工进行全面检验（图2-133）。

（2）施工要点。现水泥板施工方便，钉子的吊挂能力好，手锯就可以直接加工；施工过程中可以不用制作基层板，直接可以固定在龙骨上或墙面上，小块板材造型可以使用强力万能胶粘贴，大块板材除了用螺钉或螺丝安装外，还可以先用1mm的钻头钻孔，然后用射钉枪固定，填补平整后，喷1~2遍水性哑光漆，待干即可；为了协调板材与基层材料的缩涨性差异，在安装时要适当保留缝隙，缝隙间距应≤800mm，缝隙宽度一般为3~4mm。

3. 纸面石膏板隔墙施工

（1）施工方法。首先，清理基层界面，分别放线定位，根据设计造型在顶面、地面、墙面钻孔，放置预埋件；然后，沿着地面、顶面与周边墙面制作边框墙筋，并调整到位；接着，分别安装竖向龙骨与横向龙骨，并调整到位；最后，将石膏板竖向钉接在龙骨上，对钉头作防锈处理，封闭板材之间的接缝，并全面检查（图2-134~图2-142）。

图2-132 铝塑复合板饰面构造

饰面构造示意图呈现了铝朔复合板施工的结构层次。需要注意的是，铝塑复合板用于饰面安装时，在板材之间要保留缝隙，这样能防止板材缩涨，缝隙之间的间距一般为400~800mm。

图2-133 水泥板饰面构造

水泥板构造示意图具体地呈现了施工时的结构层次，以及具体会运用到的材料，施工时一定要控制好各细节部位的间距。

图2-134 竖向龙骨保持垂直

图2-135 纸面石膏板隔墙骨架

图2-136 固定构件

图2-137 隔墙中填充隔声材料

图2-138 加固木芯板

图2-139 封闭石膏板并放线定位自攻螺钉

图2-140 石膏板接缝要均

图2-141 自攻螺钉涂刷防锈漆

图2-142 接缝用封胶带粘贴并刮腻子找平

左图标注：
5mm厚铝塑复合板
聚氨酯胶水黏接
木方入墙
钢钉钉接
气排钉
15mm木芯板
50mm×70mm木龙骨
楼板/墙体

右图标注：
墙体
螺钉固定
木方入墙
填缝剂
10mm厚水泥板
塑料盖

图2-143 纸面石膏板隔墙构造

构造示意图从立体和剖面两个方面讲解了纸面石膏板隔墙的构造层次，在施工时要注意龙骨的端部应安装牢固，龙骨与基层的固定点间距应不大于600mm，竖向龙骨间距应不大于400mm，安装贯通龙骨时，小于3m的隔墙安装1道，3~5m高的隔墙安装2道。

膨胀螺栓

纸面石膏板
竖向龙骨
穿线孔
自攻螺钉

地龙骨

(a) 立体图　　　　　　　　(b) 剖体图

（2）施工要点。由纸面石膏板隔墙最好采用安装轻钢龙骨制作骨架，应按弹线位置固定沿地、沿顶龙骨及边框龙骨，龙骨的边线应与弹线重合；饰面板接缝处如果不在龙骨上，应加设龙骨固定饰面板，安装纸面石膏板宜竖向铺设，长边接缝应安装在竖龙骨上；龙骨两侧的石膏板及龙骨一侧的双层板的接缝应错开安装，不能在同一根龙骨上接缝。轻钢龙骨应用自攻螺钉固定，钉接间距应≤200mm，安装石膏板时应从板材的中部向板的四周固定；钉头略埋入板内，但不得损坏纸面，钉头应进行防锈处理，石膏板接缝应按设计要求进行板缝处理。石膏板与周围墙或柱应留有3mm宽的槽口，以便进行防开裂处理（图2-143）。

★ 小贴士

软木墙板

软木墙主要可分为三类，即纯软木墙板、复合软木墙板和静音软木墙板。

软木墙板常根据实际空间需求定制尺寸，常见规格为900mm×300mm×10mm，市场价约在200~300元/m^2，纯软木墙板因其材质纯粹，价格相对较高，为300~500元/m^2。选择软木墙板时，需关注板面的光滑度、颗粒纯净度、边长直度以及板面弯曲强度等指标。

（1）纯软木墙板。纯软木墙板厚度为4~5mm，以其自然的纹理和色彩为特点，无固定图案。其主要成分为软木，质地纯净，符合环保标准。

（2）复合软木墙板。复合软木墙板由三层结构组成，表层和底层为软木，中间层为带锁扣的中密度板，厚度约10mm，静音效果良好。

（3）降噪软木墙板。降噪软木墙板具有由软木、纤维和MDF组成的三层结构，底层为软木，表层为复合地板，中间层为中密度板，厚度可达14mm，静音性能优良。

本章小结

随着经济的发展和技术的提升，板材在施工工艺中得到了很广泛的使用。最早的板材是木工用的实木板，用做打制家具或其他生活设施，在科技大力发展的现今，板材的定义很广泛，在家具制造、建筑业、加工业等都有不同材质的板材。现如今设计师所提出的要求也越来越高，更多新鲜的新式板材正在被引进施工中。

课后练习

（1）选购木芯板时应注意哪些要点？

（2）纤维板分为哪几种类型？其应用范围有何不同？

（3）亚克力板具有哪些特质？

（4）铝合金扣板的用途有哪些？举例说明。

（5）分组讨论：门窗套的施工方法是什么？

（6）对薄不锈钢板饰面施工进行施工时，应注意哪些要点？

（7）设计一个适合自己使用的书柜，绘制三视图、轴测图，并标明选用的板材名称。

（8）考察一件中国传统木质家具，查阅资料，分析木质材料与表面涂料的特性，分析传统家具中有哪些优势特色可沿用至今天的板式家具中。

第三章

美观细腻的装饰石材

识读难度 ★★★★☆

核心概念 天然石材、人造石材、石材施工

章节导读 近年来发展起来的人造石材无论在材料质地、生产加工、装饰效果、产品价格等方面都显示出了优越性。石材种类繁多，主要包括天然石材、人造石材两大类，其中天然石材质地厚实、色彩丰富，广泛用于各种室内外装修；人造石材中的艺术山石分类明确，主要用于装修中的艺术景观制作，具有古典气息。天然石材属于不可再生材料，因此价格较高，应用时要注意辨别品质，务必选用质地紧密、安全环保的产品。

美观细腻的装饰石材

- 天然石材
  - 花岗岩 —— 定义、特质、应用、规格与价格、选购
  - 大理石 —— 定义、特质、规格与价格、选购
  - 文化石 —— 定义、特质、应用、规格与价格、选购

- 人造石材
  - 聚酯人造石 —— 定义、特质、应用、规格与价格、选购
    - 聚酯人造石与天然石材比较
  - 装饰石材一览表

- 石材施工
  - 天然石材施工
    - 天然石材干挂施工
    - 天然石材粘贴施工
  - 人造石材饰面施工
    - 施工方法
    - 施工要点

第一节　天然石材

一、花岗岩

1. 定义

花岗岩又称为岩浆岩或火成岩，是地球上一种固有的物质形体，主要成分是石英、长石、云母与暗色矿物质（图3-1、图3-2）。

2. 特质

花岗岩具有良好的硬度，自重大，抗压强度和耐磨性好，耐久性高，不易风化，色泽持续力强且色泽稳重、大方。此外，花岗岩中所含的石英会在500～900℃时发生晶体变化，产生较大体积膨胀，致使石材开裂，因此，发生火灾时花岗岩不耐高温（图3-3、图3-4）。

3. 应用

花岗岩在室内装饰施工中应用广泛，常被用于打造中高端室内空间的墙壁、立柱、楼梯踏步、地面及窗台等部位，在欧式风格装饰中应用繁多。花岗岩的处理方式多样，可被加工成剁斧板、机刨板、粗磨板、火烧板及磨光板等样式，应用于不同区域（图3-5、图3-6）。

4. 规格与价格

花岗岩石材的大小可以随意加工，用于铺设室外地面的厚度为40～60mm，用于铺设室

图3-1 花岗岩矿料

不同花岗岩颗粒大小不一，中晶花岗岩的颗粒粒径为2~8mm，粗晶花岗岩的颗粒粒径大于8mm，而斑状花岗岩中的颗粒粒径大小对比较为强烈。

图3-2 花岗岩铺地

由于花岗岩一般存于地表深层处，具有一定的放射性，大面积用在室内的狭小空间里，对人体健康会造成不利影响，因而一般只会小面积铺地。

图3-3 花岗岩板材

花岗岩板材结构细密，吸水率低，化学稳定性好，表面硬度大，可以用于门槛、台阶、踏步铺装。

图3-4 花岗岩样式

花岗岩按颜色、花纹、光泽、结构、材质等因素分不同等级，其中颜色与光泽因长石、云母及暗色矿物质而定，通常呈现灰色、黄色、深红色等多种样式。

图3-5 花岗岩墙面装饰

花岗岩自重较大，用于墙面装饰时一般会采用湿贴的方式，贴合需紧密。

图3-6 花岗岩立柱装饰

花岗岩用于立柱装饰一般出现在酒店、会馆、展馆等大型公众场所处。

图3-1	图3-2	图3-3
	图3-4	
图3-5		图3-6

内地面的厚度为20～30mm不等，铺设台柜的厚度为18～20mm不等。市场上零售的花岗岩宽度一般为600～650mm，长度在2～6m不等，特殊品种也有加宽加长型，可以打磨边角。如果用于大面积墙、地面铺设，也可以订购同等规格的型材，例如：300mm×600mm×15mm、600mm×600mm×20mm、800mm×800mm×30mm等。其中，剁斧板的厚度一般均≥50mm。常见的20mm厚白麻花岗岩磨光板的价格为60～100元/m²，其他不同花色品种价格均高于此，一般为100～500元/m²不等。

5. 选购

（1）应仔细观察表面质地，优质花岗岩板材表面颗粒结构均匀，质感细腻。

（2）可以用卷尺测量花岗岩板材的尺寸规格，关键检查厚度尺寸，这在很大程度上关系着花岗岩板材的承载性能，以及其在施工、使用中是否容易破损等（图3-7～图3-9）。

二、大理石

1. 定义

大理石是地壳中原有的岩石经过地壳内高温高压作用形成的变质岩，主要由方解石、石灰石、蛇纹石、白云石组成（图3-10、图3-11）。

2. 特质

大理石与花岗岩均被广泛用作石材贴面材料，但大理石的硬度和耐磨性不如花岗岩，因此在易于发生磨损和碰撞的部位，应谨慎选用大理石。大理石是一种质地较软的碱性中硬石材，其密度和抗压强度均低于花岗岩，这种石材的表面加工性能良好，能够制成多样化的质地和风格，以适应不同的装饰需求。在实际装修中，大理石常以磨光板的形式应用，机刨板常见于楼梯台阶和装饰线条的铺设（图3-12～图3-15）。

3. 规格和价格

大理石石材的大小可随意加工，用于铺设室外地面的厚度为40～60mm，用于铺设室内地面的厚度为20～30mm不等，铺设家具台柜的厚度为18～20mm不等。市场上零售的花岗岩宽度一般为600～650mm，长度为2～6m不等。常见的20mm厚的桂林黑大理石磨光板价格为150～200元/m²，其他不同花色品种价格均高于此，一般为200～600元/m²不等。

大理石根据色彩纹理的不同可以分为云灰、单色、彩花三类，不同的花色适用于不同风格

图3-7 ｜ 图3-8 ｜ 图3-9
图3-10 ｜ 图3-11

图3-7 测量尺寸

用于装修的多数花岗岩板材厚度均为20mm，少数厂家加工的板材厚度只有15mm，这一点在购买时要注意。

图3-8 铁锤敲击

用小铁锤敲击花岗岩板材，如果声音清脆则说明花岗岩板材致密、质地好，反之则说明板材的质量不高。

图3-9 砂纸打磨

采用0号砂纸打磨花岗岩的边角，如果不产生粉末则说明其密度较高，属于优质品。

图3-10 大理石矿料

大理石的主要成分以碳酸钙为主，约占50%以上，其他还有碳酸镁、氧化钙、氧化锰和二氧化硅等物质。

图3-11 大理石构造装饰

大理石纹理丰富，多用于墙体构造或台面构造装饰等，色泽亮丽，装饰效果很不错。

图3-12 大理石样式

天然大理石一般呈现为红、黄、黑、绿、棕等各色斑纹，色泽肌理的装饰性也都十分优异。

图3-13 大理石样本

大理石样本充分展现了大理石的花纹、规格、应用、价格等，选购时以此为参考。

图3-14 大理石线条

大理石有加宽加长型，属于特殊品种，这种类型的大理石可以打磨成各种边角装饰线条。

图3-15 大理石墙面装饰

大理石用于大面积墙和地面铺设时，可以订购同等规格的型材，例如300mm×600mm×15mm、600mm×600mm×20mm及800mm×800mm×30mm等。

图3-16 云灰大理石

云灰大理石花纹为灰色的色彩，有些云灰大理石的花纹很像水的波纹，又称水花石，纹理美观大方。

图3-17 单色大理石

单色大理石色彩单一，色泽洁白的汉白玉、象牙白等属于白色大理石，纯黑如墨的中国黑、墨玉等属于黑色大理石。

图3-18 彩花大理石

彩花大理石是层状结构的结晶或斑状条纹，经过抛光打磨后，可以呈现出各种色彩斑斓的天然图案，还能制成由天然纹理构成的山水、花木等美丽画面。

	图3-12	
图3-13	图3-14	图3-15
图3-16	图3-17	图3-18

的空间（图3-16~图3-18）。

4. 选购

（1）优质大理石板材的厚度误差应<1mm，表面应光滑无痕，不得有翘曲、凹痕、裂纹、砂眼或色斑等缺陷存在。板材的整体规格应保持一致，不得有缺角、歪斜等不良现象。

（2）优质大理石板材表面色调基本一致，色差较小，花纹美观大方。目前，市场上充斥大量经过染色处理的大理石产品，其中以红色、褐色和黑色系列最为常见。这些染色产品在铺设6~10个月后往往会出现褪色，受光部位最为严重。

（3）可以观察侧面与背面，染色大理石的色彩较灰或会呈现出深浅不一的变化，还需要注意的是染色石材虽然价格低廉，但染色料有毒害，褪色后严重影响装饰效果，自身强度也没有保证。

5. 花岗岩与大理石的区别

（1）表面色彩。花岗岩表面色彩比较灰暗，纯度较低，不太醒目，感觉比较平和，而大理石表面色彩比较鲜亮，纯度较高，特别艳丽，给人感觉比较华丽（图3-19）。

（2）纹理特征。花岗岩表面纹理大多呈颗粒状，比较平均，大理石表面纹理有单色、线纹、云纹、彩花等多种，虽然也有部分大理石的纹理呈颗粒状，但是其形态对比较大（图3-20）。

图3-19 墙面石材粘贴构造

大理石和花岗岩粘贴后的视觉效果不同：花岗岩纹理更明显，而大理石多呈纯色。

图3-20 石材粘贴局部

花岗岩和大理石均具有一定的辐射性，适用于局部铺装，两者都具装饰效果。

图3-21 文化石

文化石的装饰效果会受石材原有纹理限制。除方形石外，其他的施工较为困难，尤其在拼接时要注意讲究色彩搭配。

图3-22 文化石室内装饰

文化石运用于室内时能增强室内的古朴氛围，提高设计品位，且文化石可无限次擦洗。

图3-23 精确测量

选取文化石样品，用卷尺在各个方向测量，观察是否有误差。

图3-24 滴落酱油

选取文化石样品，放置于光线充足处，滴几滴酱油到文化石上，观察石材是否变色，不易变色的为优质品。

（3）质地硬度。用0号砂纸打磨石材的边角部位，不容易产生粉尘的石材为花岗岩，反之则是大理石。

★ 小贴士

青石板

青石表面呈浅灰色或灰黄色，石材为厚层状结构。其新鲜断面呈棕黄或灰色，偶尔伴有褐红色的斑点分布，基质为灰色，具有块状或条状构造。石材厚度为20～50mm，边长在100～600mm，表面平滑且略有凹凸感。青石市场价位较低，厚度20mm的青石板材价格大约30～50元/m²。

三、文化石

1. 定义

文化石是指开采于自然界的石材，主要是将板岩、砂岩、石英石等石材进行加工，使之成为一种装饰石材。

2. 特质

文化石材质坚硬、色泽鲜明、纹理丰富、风格各异，具有抗压、耐磨、耐火、耐寒、耐腐蚀、吸水率低等特点（图3-21）。

3. 应用

目前，文化石应用很广，一般用于酒吧、餐厅等高档公共空间，或用于家居空间的背景墙，也可以用于建筑外墙装饰（图3-22）。

4. 规格和价格

天然文化石的价格比较低廉，一般为40～80元/m²，规格多样，具体尺寸还可以定制生产。

5. 选购

（1）可以用卷尺测量文化石的边长，边长不大于300mm的石料其公差为±4mm，边长300～600mm的石料其公差为±7mm，高于此范围会影响施工质量（图3-23）。

（2）检查石料的吸水性，可以在石料表面滴上少许酱油，观察酱油的吸收程度，不宜选择吸水性过高的文化石，否则在吸水的同时也容易吸附灰尘，使石材变色（图3-24）。

（3）在选购时应注意，单块文化石型材边长一般应不小于50mm，厚度应不小于10mm。

图3-25 聚酯人造石样式

聚酯人造石花纹、图案、色彩和质感都十分丰富，选购者可以根据喜好和需求来选择。

第二节 人造石材

一、聚酯人造石

1. 定义

聚酯人造石是以甲基丙烯酸甲酯、不饱和聚酯树脂等有机高分子材料为基体，以石渣、石料为填料，加入适量的固化剂、促进剂及调色颜料，经过固化而形成的石材产品（图3-25）。

2. 特质

聚酯人造石具有无毒性、无放射性、不粘油、不渗污、抗菌防霉、耐冲击、拼接无缝等优点。聚酯人造石的花纹、图案、颜色、质感均可以根据需要制作，变化丰富（图3-26）。

3. 应用

聚酯人造石常作为卫生间台面、橱柜台面、窗台面及餐桌等装饰面板，该材料完全能够替代传统天然石材，用于墙面及家具表面的铺设作业。聚酯人造石也可制作卫生洁具，如浴缸、配梳妆台的洗面盆及立柱式洗面盆等，还可制作人造石壁画、花盆、雕塑等艺术摆件（图3-27）。

4. 规格和价格

聚酯人造石宽度一般在650mm以内，长度为2.4～3.2m，厚度为10～15mm，聚酯人造石的综合价格为400～600元/m^2。

5. 选购

（1）从表面上看，优质聚酯人造石经过打磨抛光后，表面晶莹光亮，色泽纯正，用手抚摸有天然石材的质感，无毛细孔（图3-28、图3-29）。

（2）劣质产品的表面发暗，光洁度差，颜色不纯，用手抚摸感到毛涩，有细孔。

（3）如果条件允许，可以取一块约30mm×30mm的人造石样本，用力向水泥地上摔。质量差的产品会摔成粉碎小块，优质产品一般只碎成2～3块，而不会粉碎，用力不大还会从地面上反弹起来。

6. 聚酯人造石与天然石材比较

（1）表面光泽。聚酯人造石与天然石材在光泽度方面存在显著差异，通过仔细观察即可辨识出二者的不同（图3-30）。

（2）观察侧壁。天然石材的侧壁在色泽、纹理和质感上与石材表面呈现出高度一致性，其内外品质保持一致；而聚酯人造石的侧壁通常呈现出2～3个不同的密度层级，其中上表层相对细腻，而中下层则较为粗糙（图3-31）。

图3-26 | 图3-27 | 图3-28
图3-29 | 图3-30 | 图3-31

图3-26 聚酯人造石样本

一般售卖石材的店面中都会配有石材样本，通过聚酯人造石样本可以清楚地了解聚酯人造石的图案、纹样和大致价格。

图3-27 聚酯人造石橱柜铺装

一般橱柜都可订制加工，商家包安装，包运输，聚酯人造石所制的橱柜台面具备良好的洁净性，适合厨房内使用。

图3-28 砂纸打磨

可以采用0号砂纸打磨石材表面，容易产生粉末的质量较差，优质产品不会产生明显粉末。

图3-29 闻气味

可以将鼻子贴近石材闻气味，劣质产品的刺鼻气味很大，安装使用后直至1年都不会完全挥发，其中所含有的甲醛、苯也会对人体造成极大伤害。

图3-30 面光泽对比

大理石色泽比较透亮，有大面积的天然纹路。聚酯人造石颜色比较混浊，没有明显纹路，且纹理也很平庸。

图3-31 侧壁对比

聚酯人造石的侧壁在色彩上有一定的差异，上表层比较鲜亮，中下层比较黯淡，而大理石侧壁的色泽和质感比较统一。

二、装饰石材一览表（表3-1）

表3-1　　　　　　　　　　装饰石材一览表

名称		图例	性能特点	用途	参考价格
天然石材	花岗岩		硬度和抗压强度好，耐磨性好，耐久性高，不易风化，但自重大，有辐射	中高档空间墙、柱、楼梯踏步、地面、台柜面、窗台面的铺贴	厚12mm，白麻花岗岩磨光板，60～100元/m²，其他花色，100～500元/m²
	大理石		质地较软，密度和抗压强度比花岗岩较低，装饰效果好	用于楼梯台阶、装饰线条等	厚20mm，桂林黑大理石磨光板，150～200元/m²，其他花色，200～600元/m²
	文化石		材质坚硬，色泽鲜明，纹理丰富，抗压、耐磨、耐火、耐寒、耐腐蚀	墙面装饰以及背景墙制作	40～80元/m²
人造石材	聚酯人造石		具有无毒性，无放射性，不沾油、不渗污、耐冲击、抗菌防霉	台面饰面板制作、墙面、家具表面铺装，洁具和工艺品制作	宽0.65m以内，长2.4～3.2m，厚10～15mm，400～600元/m²

图3-32 天然石材

天然石材铺装地面一般要进行分色与拼花设计，为了避免石材存在色差，石材的规格一般不大，这样能交替铺装具有色差的石材。

★ **小贴士**

天然石材的放射性

天然石材具有一定放射性。然而，市面上流通的石材均已经历严格检测程序，确保其氡气排放量处于安全标准之下。选择石材时要注意观察其颜色，通常深色及灰色系列石材放射性元素浓度低于地壳平均值；而具有片麻纹理的石材，其放射性元素含量往往高于地壳平均值（图3-32）。

第三节　石材施工

一、天然石材施工

天然石材质地厚重，在施工中要注意强度要求，现场常用的墙面铺装方式为干挂与粘贴两种。干挂施工适用于面积较大的墙面装修，粘贴施工适用于面积较小的墙面及结构外部装修。

1. 天然石材干挂施工

（1）施工方法。首先，根据设计在施工墙面放线定位，采用角型钢制作龙骨网架，通过膨胀螺栓固定至墙面上；然后，对天然石材进行切割，根据需要在侧面切割出凹槽或钻孔；接着，采用专用连接件将石材固定至墙面龙骨架上；最后，调整板面平整度，在边角缝隙处填补密封胶，进行密封处理（图3-33）。

（2）施工要点。在墙上布置钢骨架，水平方向的角钢必须焊在竖向角钢上，按设计要求在墙面上制成控制网，由中心向两边制作，应标注每块板材与挂件的具体位置；安装膨胀螺栓时，按照放线的位置在墙面上打出膨胀螺栓的孔位，孔深以略大于膨胀螺栓套管的长度为宜，埋设膨胀螺栓并予以紧固；挂置石材时，应在上层石材底面的切槽与下层石材上端的切槽内涂胶，清扫拼接缝后即可嵌入橡胶条或泡沫条，并填补勾缝胶封闭；注胶时要均匀，胶缝应平整饱满，亦可稍凹于板面，并按石材的出厂颜色调色浆用来嵌缝，边嵌边擦干净，缝隙密实均匀、干净、颜色一致。

2. 天然石材粘贴施工

（1）施工方法。首先，对墙面的基层进行清理，需要时用水泥砂浆进行找平并凿毛，在施工墙面进行放线定位；然后，对天然石材进行裁切，在石材对应的墙面铺贴区进行标号；接着，将石材黏接剂均匀涂抹于石材背面及墙面，将石材稳固粘贴至墙面；粘贴结束后，调整石材板面平整度，并在其边角及缝隙处填充密封胶（图3-34、图3-35）。

（2）施工要点。施工前，粘贴基层应清扫干净，去除各种水泥疙瘩，采用1∶2.5水泥砂浆填补凹陷部位，或对墙面作整体找平；涂抹黏接剂时应用粗锯齿抹子抹成沟槽状，以增强吸附力，黏接剂要均匀饱满。施工完毕后应养护7天以上。

二、人造石材饰面施工

1. 施工方法

首先，将施工基层杂物清理干净，并在四周墙壁上弹出标高水平线；采用水泥砂浆找平，并养护24小时，同时根据设计要求切割人造石材；接着，用较稠的素水泥浆铺在人造石材背面，将石材平整铺贴在基层上；最后，调整表面平整度，采用填缝剂填补缝隙（图3-36～图3-38）。

图3-33 ｜ 图3-34 ｜ 图3-35

图3-33 墙面石材干挂构造

通过墙面石材干挂构造示意图，我们可以了解到天然石材进行干挂时需要使用膨胀螺栓来进行加固，螺栓的尺寸要提前确定好。

图3-34 墙面石材粘贴构造

墙面石材粘贴时的石材黏接剂应选用专用产品，一般要依使用说明调配。

图3-35 石材粘贴局部

石材粘贴施工虽然简单，但是黏接剂成本较高，一般只适用于小面积施工。

墙体
30mm厚石材
膨胀螺栓入墙
填缝剂
成品连接件

墙体
30mm厚石材
石材黏接剂
填缝剂

图3-36 水泥砂浆找平

图3-37 铺装石材

图3-38 调整石材平整度

图3-39 人造石材饰面构造

人造石材饰面施工时要清理台面基层，以此增强石材与铺贴面的黏结性。

图3-40 人造石材切割机

使用手持切割机时应握稳，避免抖动，并安装专用金刚石锯片。

图3-36	图3-37	图3-38
图3-39	图3-40	

人造石 —
15~20mm厚　1 : 3水泥砂浆 —
基层 —

2. 施工要点

人造石材结构紧密，相比天然石材更容易在锯切时发生脆裂，形成成崩边等缺陷。因此，加工时必须让石材保持平衡，力求减少震动和摆动；推荐使用台式锯切机，实现稳定加工。在具体操作中，要确保人造石材在机器台面上的平稳放置，调整好进刀速度；切割时，必须对石材进行浇水冷却，且冷却水流的喷射方向需不断对准变化中的切割锋面，以确保冷却效果，若切割锋面过热，甚至发生摩擦至发红打火现象，将极大增加裂纹或炸裂的风险；在采用人造石进行地面铺装时，与石材和瓷砖的铺装方式不同，需要在铺设水泥砂浆时预留一定的沟槽（图3-39、图3-40）。

本章小结

当下，室内装修越来越崇尚自然，这使天然石材大批量地进入装饰装修行业，不仅用于豪华的公共建筑物，也用于家庭装修。伴随着人民生活水平的不断提高，石材早已走进平常百姓家，广泛应用于地面铺装、橱柜和家具的台面装饰。

课后练习

（1）花岗岩有哪些常见规格，其价格有何不同？

（2）花岗岩与大理石的区别有哪些？

（3）选购人造石材时，应注意哪些要点？

（4）怎样区分聚酯人造石与天然石材？

（5）对天然石材进行干挂施工时，应注意哪些要点？

（6）分组讨论：人造石材饰面的施工方法是什么？

（7）考察当地装饰材料市场，收集并记录装饰石材的细分新型品种。

（8）考察当地地标性建筑，记录建筑外墙、室内外地面铺装石材与配色方式，分析建筑整体视觉形象与当地文化之间的关系。

第四章

陶瓷与玻璃

识读难度 ★★★★☆

核心概念 陶瓷砖、玻璃、墙地砖施工、玻璃安装

章节导读 在装饰技术发展与生活水平提高的今天，陶瓷与玻璃制品的生产更加科学化、现代化，其品种、花色多样，性能也更加优良。陶瓷与玻璃制品是现代装修中不可缺少的材料，这类材料具有平整的表面、光洁的质地，适用于潮湿、耐磨及户外等特殊装修空间，由于表面质地相差不大，在应用中要注意分析、识别。

陶瓷与玻璃
├─ 陶瓷砖
│ ├─ 釉面砖 — 定义、特点、规格和价格、选购
│ ├─ 通体砖 — 定义、分类
│ ├─ 其他饰面砖 — 劈离砖、彩胎砖、仿古砖、锦砖
│ └─ 陶瓷砖一览表
├─ 玻璃制品
│ ├─ 普通玻璃 — 平板玻璃、镜面玻璃
│ ├─ 安全玻璃 — 钢化玻璃、夹层玻璃、夹丝玻璃、吸热玻璃、中空玻璃
│ ├─ 装饰玻璃 — 磨砂玻璃、压花玻璃、雕花玻璃、彩釉玻璃、变色玻璃、镭射玻璃
│ ├─ 玻璃砖 — 空心玻璃砖、实心玻璃砖、玻璃饰面砖
│ └─ 玻璃制品一览表
├─ 墙地砖铺装施工
│ ├─ 墙面砖施工 — 施工方法、施工要点
│ ├─ 地面砖施工 — 施工方法、施工要点
│ └─ 锦砖铺装施工构造 — 施工方法、施工要点
└─ 玻璃制品安装施工
   ├─ 玻璃隔墙施工 — 施工方法、施工要点
   └─ 玻璃砖砌筑施工 — 施工方法、施工要点

第一节 陶瓷砖

一、釉面砖

1. 定义

釉面砖是一种重要的建筑装饰材料，又称陶瓷砖或瓷片。此类砖材主要以陶土及瓷土为基础原料，辅以适量助熔剂，经过研磨、干燥及高温烧结等步骤加工成型，表面可呈现多样化花纹（图4-1～图4-3）。

2. 特点

由陶土烧制而成的釉面砖吸水率较高，重量较轻，强度较低，价格低廉；由瓷土烧制而成的釉面砖吸水率较低，重量较重，强度较高，价格较高（图4-4）。

釉面砖表面是釉料，耐磨性不及抛光转与玻化砖，且具有一定的放射性，因此，不符合出厂标准的劣质釉面砖危害性极大，不亚于天然石材。

3. 规格和价格

墙面砖规格一般为250mm×330mm×6mm、300mm×450mm×6mm、300mm×600mm×8mm等；高档墙面砖还配有相当规格的腰线砖、踢脚线砖、顶脚线砖等，均施有彩釉装饰，且价格高昂，其中腰线砖的价格是普通砖的5～8倍；地面砖规格一般为300mm×300mm×6mm、330mm×330mm×6mm、600mm×600mm×8mm等，中档瓷质釉面砖价格为40～60元/m²（图4-5）。

图4-1 │ 图4-2 │ 图4-3
图4-4 │ 图4-5

图4-1 釉面砖

釉面砖的表面用釉料烧制而成，主体可以分为陶土与瓷土两种，陶土烧制出来的背面呈灰红色，瓷土烧制的背面呈灰白色。

图4-2 瓷土釉面砖背面

一般全瓷釉面砖的背面会呈现出乳白色，而陶质釉面砖的背面则会呈现出土红色。

图4-3 釉面砖表面

由于釉料与生产工艺不同，釉面砖的纹理也会有所不同，印花釉面砖表面可以制作成各种图案与花纹，装饰性很强。

图4-4 釉面砖铺装卫生间

纹理丰富，色泽亮丽的釉面砖可以很好地装饰卫生间，同时釉面砖具备良好的防潮性能，适用于卫生间潮湿的环境。

图4-5 釉面砖样式

在现代装修中，釉面砖品种样式繁多，主要用于餐厅、厨房、卫生间、阳台等室内外墙面铺装，其中瓷质釉面砖可以用于地面铺装。

4. 选购

（1）可将多块砖平整地放在地上，观察砖体是否平整一致，对角处是合嵌接整齐，没有尺寸误差与色差的为优质品（图4-6）。

（2）用手指垂直提起陶瓷砖的边角，让瓷砖自然垂下，用另一手指关节部位轻敲瓷砖中下部，声音清亮响脆的是优质品，而声音沉闷混浊的是劣质品（图4-7）。

（3）要注意优质陶瓷砖密度较高，吸水率低，强度好，而劣质陶瓷砖密度很低，吸水率高，强度差，且铺装完成后，水泥的黑灰色会透过砖体显露在表面（图4-8）。

二、通体砖

1. 定义

通体砖又称为无釉砖，是表面不施釉的陶瓷砖，因此正反两面材质与色泽一致，只不过正面有压印的花色纹理。目前多数防滑陶瓷砖都属于通体砖，部分产品采用岩石碎屑经过高压压制而成，表面抛光后坚硬度可与石材相比，吸水率更低，耐磨性更好。

2. 分类

（1）抛光砖。抛光砖是通体砖坯体的表面经过打磨而成的一种光亮的通体砖，采用黏土与石材粉末经压制，然后经过烧制而成，正面与反面色泽一致，不上釉料（图4-9）。

1）特点。抛光砖硬度高，耐磨性好，具有卓越的抗弯强度。制造时使用数千吨级液压机进行压制，随后在超过1200℃的高温环境下烧结，从而具备高强度、轻薄砖体和轻质化的特性。但是，生产抛光砖时砖体表面产生的凹凸气孔往往容易积聚污垢，因此，生产厂商通常会在抛光砖的表面涂覆被称为"超洁亮"的防污涂层（图4-10）。

2）规格和价格。抛光砖的规格通常为300mm×300mm×6mm、600mm×600mm×8mm、800mm×800mm×10mm等，中档产品的价格为60～100元/m²（图4-11）。

图4-6 色差对比

取几块釉面砖样品，平整地放在地上，在光线充足的情况下看砖体是否平整一致，对角处是否嵌接整齐，没有尺寸误差与色差的为优质品。

图4-7 测量尺寸

取釉面砖样品，用卷尺测量釉面砖的尺寸，检查四边尺寸是否符合标准尺寸，测量时注意与边角平行。

图4-8 滴水测试

取釉面砖样品，将瓷砖背部朝上，滴入少许淡茶水，如果水渍扩散面积较小则该瓷砖为优质品，反之则为劣质品。

图4-9 抛光砖展示

商店展示的抛光砖都会带有相应的产品标识，主要包括生产厂家、价格、规格和尺寸等。

图4-10 抛光砖铺贴

抛光砖多用于地面铺贴，用于客厅地面时既能起到很好的装饰作用，同时也方便清洁，也不会使人轻易跌倒，安全系数比较高。

图4-6	图4-7	图4-8
	图4-9	图4-10

图4-11 抛光砖样式

抛光砖一般用于相对高档的装修空间，商品名称很多，如铂金石、银玉石、钻影石、丽晶石、彩虹石等。

图4-12 玻化砖

玻化砖是采用优质高岭土经强化高温烧制而成，质地为多晶材料，具有很高的强度与硬度，其表面光洁而又无须抛光，因此不存在抛光气孔的污染问题。

图4-13 玻化砖铺装

玻化砖铺装完毕后，要对砖面进行打蜡处理，否则液态污渍会渗入砖面的微孔中形成花斑，最终影响美观。

图4-14 玻化砖拼花铺装

玻化砖拼花铺装一般以中大尺寸产品为主，产品最大规格可以达到1200mm×1200mm，主要用于大面积客厅，装饰效果十分不错。

图4-15 玻化砖样式

玻化砖主要用于大面积空间的地面铺装，产品种类有单一色彩效果、花岗岩外观效果、大理石外观效果及印花瓷砖效果等。

图4-11		
图4-12	图4-13	图4-14
图4-15		

　　3）选购。将4块瓷砖在地面上平铺，观察其边角是否对齐，是否存在表面起翘；采用卷尺，对每块瓷砖的边长及厚度进行精确测量，高品质瓷砖的尺寸误差应在1mm以内；可使用0号砂纸对瓷砖表面进行轻微打磨，不产生粉尘脱落则为优质产品。

　　（2）玻化砖。玻化砖又称为全瓷砖，是通体砖表面经过打磨而成的光亮瓷砖，属通体砖中的一种（图4-12）。

　　1）特点。一般而言，吸水率＜0.5%的瓷砖都称为玻化砖，不少玻化砖具有天然石材的质感，而且具有高光度、高硬度、高耐磨、吸水率低、色差小等优点，其色彩、图案、光泽等都可以人为控制，铺装在墙、地面上能起到隔声、隔热的作用，而且它比大理石轻便（图4-13、图4-14）。

　　2）规格和价格。玻化砖尺寸规格一般较大，通常为600mm×600mm×8mm、800mm×800mm×10mm、1000mm×1000mm×10mm、1200mm×1200mm×12mm，中档产品的价格为80～150元/m²（图4-15）。

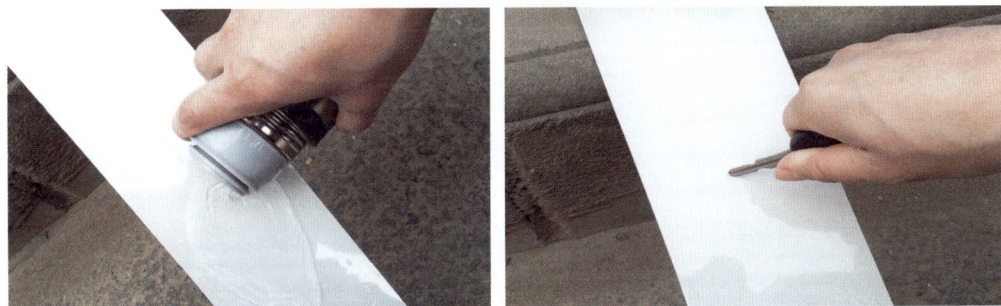

3）选购。选购瓷砖时应将其与常规抛光砖区分开来。比较同规格、同厚度的瓷砖重量，手感较沉的瓷砖为玻化砖，而手感较轻的则为抛光砖；观察瓷砖表面，玻化砖完全不吸水，即便是将水洒在砖体背面，也不会出现水迹扩散的情况。

（3）微粉砖。微粉砖是在玻化砖的基础上发展起来的一种全新通体砖，所使用的胚体原料颗粒研磨得非常细小，通过计算机随机布料制胚，经过高温高压煅烧，对表面抛光而成，其表面与背面的色泽一致（图4-16）。

1）特点。微粉砖改善了传统抛光砖花色图案单调、砖体表面光泽度差、耐磨性差、防污抗渗能力低等弊端，其花色图案自然逼真，石材效果强烈，采用了超细的原料颗粒，产品光洁耐磨，不易渗污，铺装效果协调、自然（图4-17）。

2）规格和价格。微粉砖尺寸规格一般较大，通常为800mm×800mm×10mm、1000mm×1000mm×10mm、1200mm×1200mm×12mm，中档产品的价格为100~200元/㎡（图4-18）。

3）选购。选购微粉砖时要注意与其他通体砖区分，微粉砖最显著的特征是表面的纹理不重复，正反色彩一致，完全不吸水，泼洒各种液体至表面、背面均不会出现任何细微的吸水状态；还可以采用尖锐的钥匙或金属器具在其表面磨划，优质品不会产生任何划痕（图4-19、图4-20）。

三、其他饰面砖

在现代装修中，除了在主要空间的墙、地面铺装上述砖材外，在一些特殊功能空间，或要求营造出特殊设计风格的空间，还需要铺装更有特色的装饰面砖。

1. 劈离砖

（1）定义。劈离砖又称劈开砖或劈裂砖，是由长石、石英、高岭土等陶瓷原料经过干法或湿法粉碎混合，制备湿态坯料后经机械挤压，形成双面扁平形态，在高温环境下烧结最终制成（图4-21）。

（2）特点。劈离砖具有高强度结构，吸水率低于6%，表面硬度较大，防潮、防滑性较好，耐磨和抗压性能卓越，在急冷急热的条件下也能保持性能稳定。砖坯本身密实度高，背面的凹纹设计能与黏结砂浆有效结合，确保在铺装后的牢固性。此外，劈离砖种类繁多，颜色丰富，能展现出不同的视觉效果（图4-22、图4-23）。

（3）规格和价格。劈离砖的主要规格为240mm×52mm、240mm×115mm、194mm×94mm、190mm×190mm、240mm×115mm等，厚8～13mm不等，价格为30～40元/m²。

（4）选购。选购劈离砖主要注意平整度与尺寸精度，多数劈离砖产品表面并不十分平整，那是因为要仿制出黏土砖的砌筑效果，但也不能完全变形；观察多块劈离砖表面，其起伏形态应该一致，此外，边角应当完整而不残缺。

★ 小贴士

陶瓷砖铺装用量换算方法

以每平方米为例，250mm×330mm的砖材需要12.2块；300mm×450mm的砖材需要7.4块；300mm×600mm的砖材需要5.6块；600mm×600mm的砖材需要2.8块；800mm×800mm的砖材需要1.6块。在铺装时遇到边角需要裁切，需计入损耗。地砖所需块数可按下式计算：地砖块数＝（铺设面积/每块板面积）×（1+地砖损耗率）；地砖损耗率为2%～5%，砖材规格越大，损耗率就越大。

2. 彩胎砖

（1）定义。彩胎砖又称为耐磨砖，是一种本色无釉的瓷质墙、地饰面砖，彩胎砖主要采用彩色颗粒土原料混合配料，压制成多彩坯体后，经一次烧结成形（图4-24）。

（2）特点。彩胎砖吸水率<1%，表面呈多彩细花纹，富有天然花岗岩的纹理特征，有多种基色，但是色调较灰，纹点细腻，色调柔和莹润，质朴高雅（图4-25）。

（3）规格和价格。彩胎砖的最小规格为100mm×100mm，最大规格为600mm×600mm，厚度为5～10mm不等，价格为40～50元/m²。

（4）选购。彩胎砖的市场占有率不高，质量比较均衡，选购时注意外观完整性即可。由于彩胎砖表面无釉，在使用中要防止酸、碱含量高的溶剂对它造成腐蚀。

图4-21 | 图4-22 | 图4-23

图4-21 劈离砖样本
劈离砖是在1100℃以上的高温下烧成，并在烧结完成后将其沿着筋条最薄弱的连接部位劈开而成两片。

图4-22 劈离砖铺装
劈离砖可以根据设计风格局部铺装在室内各种立柱、墙面上，用于仿制黏土砖的砌筑效果，给人怀旧感。

图4-23 劈离砖铺装碰角
劈离砖碰角和瓷砖碰角一样，都是为了更好地装饰空间，铺装时还可以采用专用瓷砖胶来粘贴。

图4-24 | 图4-25 | 图4-26 | 图4-27

图4-24 彩胎砖

彩胎砖表面有平面和浮雕型两种，又有无光、磨光与抛光之分，抗折强度大于27MPa，耐磨性很好。

图4-25 彩胎砖铺装

彩胎砖由于比较耐磨，主要用于大型室内公共活动空间的墙、地面铺装，也可以与玻化砖等光亮的砖材组成几何拼花，还可用于住宅厅堂的墙面装饰，不仅美观，而且耐用。

图4-26 仿古砖

仿古砖多采用自然色彩，尤其是采用单一或复合的大自然色彩，以及较为抽象的色彩，如春、夏、秋、冬季节对自然色彩的影响来达到装饰的效果。

图4-27 仿古砖铺装

仿古砖的应用非常广泛，可以用于面积较大的门厅、大堂、庭院、广场等空间的地面铺装，还可以用于具有特殊设计风格的西餐厅、厨房、卫生间的墙地面铺装。

3. 仿古砖

（1）定义。仿古砖由彩色釉面砖发展而来，实质是上了釉的瓷质砖。"仿古"主要指该砖表面的肌理质感，具有仿古效果。与常规瓷砖相比，仿古砖采用模具压印制作，在砖坯体上塑造出凹凸有致的纹理，经施釉和高温烧制工艺制作完成（图4-26）。

（2）特点。仿古砖的图案与色彩十分丰富，其装饰效果在所有装饰面砖中居首位，且具备较长的使用寿命和较高的使用频率，能满足长期使用需求；此外，仿古砖还具有良好的防滑性能，其亚光色泽的表面也避免了光污染。

仿古砖的瓷质底本身和抛光砖没有区别，区别只是白度上和可抛光上的配方。因此，仿古砖坯体吸水率完全可以达到0.1%左右，和抛光砖没有区别，但是两个砖的表面情况完全不同，仿古砖表面永远不吸水和油污（图4-27）。

（3）规格和价格。仿古砖的规格与常规釉面砖、抛光砖一致，用于墙面铺装的仿古砖规格为250mm×330mm×6mm、300mm×450mm×6mm、300mm×600mm×8mm等，用于地面铺装的仿古砖规格为300mm×300mm×6mm、600mm×600mm×8mm。

此外，不少品牌产品还设计出特殊规格用于拼花铺装，具体规格根据厂家设计而定制，中档仿古砖价格为80～120元/m²，带有特殊规格拼花砖的产品价格要上浮20%～50%，仿古砖的选购识别方法与瓷质釉面砖一致。

4. 锦砖

锦砖又称马赛克或纸皮砖，指那些以装饰性图案拼接而成的微小砖片。此类砖材质感透明精致，其薄型结构及轻盈重量使得铺设后具有较好的稳定性，且不易发生脱落现象。即便偶有个别砖片脱落，也不会造成安全隐患，易于修复。

（1）石材锦砖。通过精选天然花岗岩或大理石等材料加工而成。一片石材锦砖由多块颜色、质地各异的天然石片组成，视觉效果极为丰富。在石材锦砖的生产过程中，对原料的体积没有特别规定，通常会将天然石材的剩余边角料再利用，这样的做法既节约资源又环保。

1）特点。石材锦砖上的组合体块较小，表面一般被加工成高光、亚光、粗磨等多种质地，多种色彩相互配，装饰效果特别出众。目前，还有很多产品在其中加入了部分陶瓷锦砖、玻璃锦砖，以提升石材锦砖的光亮度，丰富石材锦砖的层次。

2）规格和价格。石材锦砖一般用于各种空间的墙、地面局部铺装，不适合大面积铺装。石材锦砖的规格多样，一般单片锦砖的通用规格为边长300mm，小块石材规格不定，边长为10～50mm不等，厚度为5～10mm，石材之间的间距或疏或密，一般不大于3mm，价格为30～40元/片（图4-28）。

（2）陶瓷锦砖。陶瓷锦砖又称为陶瓷什锦砖、纸皮瓷砖、陶瓷马赛克，为了制成各种颜色的陶瓷锦砖，在生产过程中，往泥料中加入着色剂，最终经过高温烧制成。

1）特点和应用。陶瓷锦砖不仅具有质地坚实、色泽美观、图案多样的优点，而且具有抗腐蚀、耐磨、耐污染、自重较轻、吸水率小等优质性能。陶瓷锦砖一般用于各种空间的墙、地面局部铺装，不适合大面积铺装。

2）规格和价格。陶瓷锦砖的规格多样，不同厂商开发的产品各异，一般单片锦砖的通用规格为边长300mm，其中小块陶瓷规格不定，边长为10~50mm不等，小块石材的厚度为4~6mm，小块陶瓷之间的间距比较均衡，一般为2mm左右，价格为10~25元/片（图4-29）。

（3）玻璃锦砖。玻璃锦砖又称为玻璃马赛克、玻璃纸皮砖，是一种小规格的彩色饰面玻璃，是具有多种颜色的小块玻璃镶嵌材料。

1）特点。玻璃锦砖带有金属色斑点、花纹或条纹，能增显装修空间的档次，其正面光泽滑润细腻，背面带有较粗糙的槽纹，以便用于粘贴铺装，色泽也十分绚丽多彩，典雅美观、质地坚硬、性能稳定，一般用于各种空间的墙、地面局部铺装，不适合大面积铺装。

2）规格和价格。玻璃锦砖的规格多样，不同厂商开发的产品各异，一般单片锦砖的通用规格为边长300mm，其中小块玻璃规格不定，边长为10~50mm不等，小块玻璃的厚度为3~5mm，小块玻璃之间的间距比较均衡，一般为3mm左右，价格为25~40元/片（图4-30）。

图4-28 石材锦砖样式
石材锦砖纹样丰富，视觉效果好，能自由组装成不同图案，从而也增强了锦砖的装饰效果。

图4-29 陶瓷锦砖样式
陶瓷锦砖具有多种色彩，其间可以镶嵌各种不同形状的小块砖，镶拼成各种花色图案，小块砖可以烧制成方形、长方形、六角形等多种形态。

图4-30 玻璃锦砖样式
玻璃锦砖样式丰富，主要包括水晶玻璃马赛克、金星玻璃马赛克、珍珠光玻璃马赛克、云彩玻璃马赛克及金属马赛克等系列。

图4-31 | 图4-32 | 图4-33

图4-31 玻璃锦砖铺贴

玻璃锦砖能烘托空间氛围，用于卫生间墙柱转角处能避免磕碰。

图4-32 测量尺寸

可以用卷尺仔细测量锦砖边长，标准产品的边长为300mm。

图4-33 剥揭测试

可以将整片锦砖卷曲，然后伸平，反复5次，以不掉砖为优质产品。

3）选购。不同品种的锦砖质量有差异，但是选购方法基本相同，可以将2～3片锦砖平放在采光充足的地面上，目测距离为1m左右，优质产品应无任何斑点、粘疤、起泡、坯粉、麻面、波纹、缺釉、棕眼、落脏、熔洞等缺陷；一般天然石材锦砖允许存在一定的细微孔洞，瑕疵率应＜5%；此外，可以用双手拿捏在锦砖一边的两角上，使整片锦砖直立，然后自然放平，反复5次，以不掉砖为优质产品（图4-31～图4-33）。

★ 补充要点

超洁亮

超洁亮是施加于抛光砖及玻化砖表面的纳米级保护层，专门针对提高建材表面的防污能力而设计，通过完全填充砖材表面的微观缺陷，气孔与微裂纹，提升其表面的光泽效果。未经处理的普通抛光砖，光泽度通常维持在50%；采用超洁亮处理后，该指标可以提升至90%以上，可产生一种近似镜面的视觉效果，使装饰空间显得更为清洁、明亮，带有一种华丽的气质。

四、陶瓷砖一览表（表4-1）

表4-1　　　　　　　　　　　　　　　　陶瓷砖一览表

名称		图例	性能特点	用途	参考价格
	釉面砖		陶土釉面砖吸水率高，重量轻，价格低；瓷土釉面砖吸水率高，重量重	墙、地面铺装	300mm×300mm×6mm、600mm×600mm×8mm等，中档，40～60元/m²
通体砖	抛光砖		坚硬耐磨，抗弯曲强度大，强度高，砖体薄，重量轻，具有防滑功能	地面铺装	300mm×300mm×6mm、600mm×600mm×8mm等，中档，60～100元/m²
	玻化砖		硬度高，耐磨，吸水率低，色差少，隔声，隔热	墙、地面铺装	600mm×600mm×8mm、800mm×800mm×10mm等，中档，80～150元/m²
	微粉砖		花色自然逼真，石材效果强烈，表面光洁耐磨，不易渗污	地面铺装	800mm×800mm×10mm、1200mm×1200mm×12mm等，中档，100～200元/m²

名称		图例	性能特点	用途	参考价格
其他饰面砖	劈离砖		强度高，防潮、防滑，耐磨、耐压、耐腐抗冻	立柱、墙面铺装	240mm×52mm、240mm×115mm等，厚8～13mm，30～40元/m²
	彩胎砖		纹理丰富，纹点细腻，色调柔和，耐磨性好	大型室内公共空间墙、地面铺装	100mm×100mm、600mm×600mm等，厚5～10mm，40～50元/m²
	仿古砖		色彩丰富，实用性强，使用寿命长，耐磨、防滑性好	墙、地面铺装	墙面300mm×600mm×8mm等；地面300mm×300mm×6mm等，中档，80～120元/m²
	锦砖 石材锦砖		铺装效果丰富，节能环保，光亮度比较高	墙面装饰铺装	单片长300mm，小块厚5～10mm，30～40元/片
	陶瓷锦砖		质地坚实，色泽美观，图样丰富，耐磨，抗腐蚀，耐污染，自重轻	墙、地面局部铺装	单片长300mm，小块厚4～6mm，10～25元/片
	玻璃锦砖		光泽细腻，色泽绚丽多彩，质地坚硬，性能稳定	墙、地面局部装饰铺装	单片长300mm，小块厚3～5mm，25～40元/片

第二节　墙地砖铺装施工

一、墙面砖施工

在现代装修中，装饰面砖的施工是一项技术性极强且非常耗费工时的项目，选购的优质材料还需经过严谨的构造设计，最终赋予施工。

1. 施工方法

首先，铺装前需对墙面的基层进行清理，移除水泥结块，并确保墙角平整，不要破坏原有的防水层，同时取适用于墙面的瓷砖浸水后晾干。然后，准备水泥砂浆或素水泥备用，并对墙面进行洒水处理，同时进行放线定位，裁剪瓷砖。接着，在瓷砖背面均匀涂抹水泥砂浆或素水泥，从墙面的底部开始向上逐一铺贴瓷砖，根据瓷砖特性来预留合适砖缝。最后，使用瓷砖填缝剂填充缝隙，并使用抹布对瓷砖表面进行擦拭，去除多余的填缝剂，养护等干（图4-34～图4-45）。

2. 施工要点

选砖时要仔细检查墙面砖的几何尺寸、色差、品种，以及每一件的色号，防止混淆，产生

图4-34 瓷砖需浸泡后晾干

图4-35 定位保留开关位置

图4-36 切割瓷砖需要浇水

图4-37 贴墙面砖

图4-38 涂满素水泥

图4-39 向上推压贴紧

图4-40 插入牙签保持平整度

图4-41 用水平尺校对并修正

图4-42 固定平整瓷砖

图4-43 插座面板用线盒封闭

图4-44 墙面灯具留出电线

图4-45 用填缝剂修补平整

色差。铺装墙面如果是涂料基层，必须洒水后将涂料铲除干净并凿毛，施工前应检查基层的平整度，可用1：3水泥砂浆找平。

墙砖粘贴时，缝隙应不大于1mm，横竖缝必须完全贯通，严禁错缝，墙砖误差可大于1mm，砖缝缝宽调宽至2mm。墙砖铺装时应用1m长的水平尺检查平整度，误差为1mm，用2m长的水平尺检查，误差应小于2mm，相邻砖之间不能有误差。

墙砖镶贴要用橡皮锤敲击固定，砖缝之间的砂浆必须饱满，严防空鼓，墙砖的最上层铺装完毕后，应用水泥砂浆将上部空隙填满。墙砖铺完后1小时内必须用专用填缝剂勾缝，并保持墙砖表面清洁（图4-46）。

★ 小贴士

居家装饰过程中，选择恰当的瓷砖对于空间的美观与格调具有决定性作用。然而，瓷砖的铺贴工艺同样不容忽视。如果铺贴不当，将直接影响到整体的美观效果，严重者甚至可能需要拆除重置，这将导致时间、经济以及物质资源的加倍耗费。因此，在瓷砖铺设前，必须进行充分的准备工作，并严格遵循正确的铺设程序。

家居装修中，墙砖的铺设是一项技术要求高、施工耗时长的工程。尽管许多业主能够自行铺贴瓷砖，但随着现代装修中墙砖尺寸的增大，没有正确的方法和技术，铺贴工作将会变得异常困难，并且难以达到理想的效果。墙砖的铺设要求粘贴必须牢固，表面保持平滑，垂直度达到标准，这无疑增加了施工的难度。

图4-46 墙面砖铺装构造

通过墙面砖铺装构造示意图，可以清楚地了解到用于墙砖铺装的水泥砂浆体积比一般为1：1，也可用素水泥铺装。

二、地面砖施工

1. 施工方法

首先，应清理地面基层，铲除水泥疙瘩，平整墙角，但是不要破坏建筑结构。然后，配置水泥砂浆待干，对铺装地面洒水，放线定位，并对地面砖进行裁切，普通釉面砖与抛光砖仍需浸水后取出晾干，将地砖预先铺设并依次标号。接着，在地面上铺设平整且较干的水泥砂浆，依次将地砖铺到地面上。最后，采用专用填缝剂填补缝隙，使用干净抹布将瓷砖表面的水泥擦拭干净，养护待干（图4-47～图4-55）。

2. 施工要点

地面上刷一遍素水泥浆或直接洒水，注意不能积水，防止通过楼板缝渗到楼下，当地面高差超过20mm时，就要做一遍水泥砂浆找平层。

地砖铺装前应经过仔细测量，再通过计算机绘制铺设方案，统计出具体地砖数量，以排列美观和减少损耗为目的，并且重点检查空间的几何尺寸是否整齐。

铺装之前要在横竖方向拉十字线，地砖之间的缝宽为1mm左右，不能大于2mm，要注意地砖是否需要拼花或是按统一方向铺装，切割地砖一定要准确，预留毛边后打磨平整、光滑。

地砖铺设时应随铺随清，随时保持清洁干净，可以采用棉纱或锯末清扫。平整度要用长1m以上的水平尺检查，相邻地砖高度误差应不大于1mm，地砖勾缝在24小时内进行，并做养护和一定的保护措施（图4-56）。

图4-47 将地面基层打扫干净

图4-48 地砖需浸泡3～5小时后晾干

图4-49 地砖采取干铺工艺

图4-50 地砖背面涂抹较干的素水泥

图4-51 铺贴时小心轻放

图4-52 铺贴时需对正地砖花纹

图4-53 橡皮锤敲击四角地砖对齐

图4-54 铺贴时随时用水平尺校正

图4-55 地砖铺贴交界处使用门界石

地面/楼板
1:2.5水泥砂浆
地面砖
填缝剂

图4-56 地面砖铺装构造

通过地面砖铺装构造示意图，可以清楚地了解到地面砖铺装需要使用1:2.5水泥砂浆，砂浆应为干性，手捏成团稍出浆即可，黏接层厚度也应不小于12mm，灰浆饱满，不能空鼓。

图4-57 铺贴前检查锦砖

图4-58 调和均匀锦砖填缝剂

图4-59 铺贴阳角处预留2～3单元的距离

图4-60 预留开关插座面板位置

图4-61 接缝处修补嵌缝

图4-62 铺贴的内外转角应平整一致

| 图4-57 | 图4-58 | 图4-59 |
| 图4-60 | 图4-61 | 图4-62 |

★ 补充要点

地砖铺贴注意事项

铺贴瓷砖时，应及时清理砖缝中的泥水浆与其他杂质，用湿润的布料擦除表面污渍。若延误至泥水浆固化后再行清理，不仅会增加作业的难度和时间成本，还有可能对瓷砖表面的釉质造成不可逆损害。

地面砖材以高密度、抛光或玻化等类型为主，必须确保无空鼓现象发生。此外，铺贴的厚度也需严格控制，防止与周围地面产生显著落差，对地面砖铺贴提出了较高的技术要求。

三、锦砖铺装施工构造

1. 施工方法

首先，应清理墙、地面基层，铲除水泥结块，平整墙角，但是不要破坏防水层。同时，检查并选出用于铺装的玻璃锦砖。然后，配置水泥砂浆或素水泥待用，对铺装墙、地面洒水，并放线定位，裁切玻璃锦砖。接着，在铺装界面与玻璃锦砖背面部分别涂抹水泥砂浆或素水泥，依次准确粘贴到墙面上。最后，揭开玻璃锦砖的面网，采用玻璃锦砖专用填缝剂擦补缝隙，使用干净抹布将玻璃锦砖表面的水泥擦拭干净，养护待干（图4-57～图4-62）。

★ 小贴士

墙面砖与地面砖

首先，墙砖用于装饰室内墙面，应避免使其受破损、水溅或污染。地砖主要是用来装饰地面，以营造光洁亮丽的居室环境。

其次，墙面砖吸水率大概10%左右，比吸水率只有1%的地面砖要高出数

图4-63 锦砖墙面铺装构造

通过锦砖墙面铺装构造示意图，可以清楚地了解到锦砖铺装时需要在墙面上涂抹一层薄的1:1水泥砂浆或素水泥，厚3~5mm，涂刷完毕后需用靠尺刮平，并用抹子抹平。

墙体

1:3水泥砂浆找平

1:1水泥砂浆/素水泥

填缝剂

锦砖

倍。卫生间和厨房的地面应铺设吸水率低的地面砖，因为地面会经常用大量的清水洗刷，这样瓷砖才能不受影响、不吸纳污渍。墙砖是釉面陶制的，含水率比较高，它的背面一般比较粗糙，这也有利于黏合剂把墙面砖贴上墙。地砖不易在墙上贴牢固，墙砖用在地面会吸水太多而变得不易清洁，可见墙、地面砖不能混用。最后，墙砖多为釉面砖，由三部分构成，坯体、底釉层、面釉层。地砖用黏土烧制而成，规格多种。

2. 施工要点

施工前要剔平墙面凸出的水泥、混凝土，对于混凝土墙面应凿毛，并用钢丝刷全面刷一遍，然后浇水润湿。根据玻璃锦砖的规格尺寸设点做标筋块，放线定位。

铺装玻璃锦砖前应根据计算机绘制的图纸放出施工大样，根据高度弹出若干条水平线及垂直线。将锦砖铺在木板上时，砖面要朝上，向砖缝内灌白水泥素浆，如果是彩色玻璃锦砖，可以灌彩色水泥。锦砖铺装30分钟后，可用长毛刷蘸清水润湿玻璃锦砖面网，待纸面完全湿透后，自上而下将纸揭下，操作时，手执上方面网两角，动作、角度要与墙面平行一致，保持协调，以免带动锦砖砖块（图4-63）。

★ 补充要点

琉璃制品

琉璃采用黏土为基本原料，经过配料、干燥、初步素烧、施加釉彩及高温釉烧等工艺打造而成，琉璃制品表面涂覆有一层釉质，不仅显著增强了其表面的耐久性，还大幅提升了防水功能，同时强化了装饰性效果。在中国传统装饰艺术中，琉璃制品的种类繁多，总计可达数百种。

其中，琉璃瓦的使用频率最高，其常见品种约有数十种，占据了整个琉璃制品产量的约70%。在现代室内外装饰中，琉璃制品广泛用于打造具有中式古典韵味的空间，如庭院的围墙、屋檐、花台等结构的外部装饰。除了在仿古建筑中常见的琉璃瓦、琉璃砖、琉璃兽等元素外，还常见于室内的琉璃花窗、琉璃花格、琉璃栏杆等多种装饰构件。制品价格根据形态、尺寸确定，成本相对较低。

第三节　玻璃制品

一、普通玻璃

玻璃是一种比较透明的固体物质，主要由石英砂、纯碱、长石及石灰石经高温制成，主要成分为二氧化硅。玻璃在高温熔融时形成连续网络结构，在冷却过程中，其黏度逐渐增大并硬化，广泛应用于需要隔风透光的环境空间。

1. 平板玻璃

（1）定义。平板玻璃又称为白片玻璃或净片玻璃，是最传统的透明固体玻璃，也是各种装饰玻璃的基础材料（图4-64）。

（2）特点。平板玻璃表面平整而光滑，具有高度透明性能，可以通过着色、表面处理及复合等工艺制成具有不同色彩与各种特殊性能的玻璃制品。平板玻璃具有良好的透视、透光性能，其可见光线反射率在7%左右，透光率在82%～90%之间（图4-65、图4-66）。

（3）规格和价格。平板玻璃的规格一般不低于1000mm×1200mm，厚度通常为2～20mm不等，其中厚度为5～6mm的产品最大可以达到3000mm×4000mm。目前，常用平板玻璃的厚度有0.5mm～25mm多种，应用方式均有不同，目前，5mm厚的平板玻璃应用最多，常用于各种家具、门窗玻璃，价格为35～40元/m^2。

2. 镜面玻璃

（1）定义。镜面玻璃又称为涂层玻璃或镀膜玻璃，它是以金、银、铜、铁、锡、钛、铬或锰等的有机或无机化合物为原料，采用喷射、溅射、真空沉积、气相沉积等方法，在玻璃表面形成氧化物涂层。

（2）特点。镜面玻璃的涂层色彩有多种，常用的有金色、银色、灰色、古铜色等，这种带涂层的玻璃，具有视线的单向穿透性，即视线只能从有镀层的一侧观向无镀层的一侧；镜面玻璃能扩大室内空间与视野，或反映周围景物的变化，使人有赏心悦目的感觉；镜面玻璃反射能力强，其对光线有较强的反射能力，是普通平板玻璃的4～5倍以上，可增加室内的明亮度，使光线柔和、舒适（图4-67、图4-68）。

（3）分类。在装修中运用的镜面玻璃分为铝镜玻璃与银镜玻璃，铝镜玻璃背面为镀铝材质，颜色偏白、偏灰，一般用于背景墙、吊顶、装饰构造的局部，价格较低；银镜玻璃反射率高、色泽还原度好，影像亮丽自然，即使在潮湿环境中也经久耐用，一般用于梳妆镜面，价格较高（图4-69）。

（4）规格和价格。镜面玻璃的规格与平板玻璃一致，厚度通常为4～6mm不等，其中5mm厚的银镜玻璃价格为40～45元/m^2。

（5）选购。选购时应注意观察镜面玻璃是否平整，反射的影像不能发生变形。

★ 小贴士

镜面玻璃与单向玻璃的区别

镜面钢化玻璃是将普通浮法玻璃加工成型后进行钢化处理，并在其表面镀覆氧化铝以形成镜面效果。氧化铝层喷涂保护底漆后可得到成品镜面玻璃，但透光性也被彻底消除。

单向玻璃，亦称为单向透视或单向可视玻璃，在适当的灯光背景下，能够从玻璃的一侧观

图4-64 平板玻璃
平板玻璃按厚度可分为薄玻璃、厚玻璃以及特厚玻璃。

图4-65 平板玻璃柜门
平板玻璃作为柜门，价格实惠，且方便清洗，也不会阻碍视线，实用性强。

图4-66 平板玻璃门窗
平板玻璃门窗可以在有限的空间内给室内增加更多的光照度，也能扩展视野。

图4-67 镜面玻璃应用1
镜面玻璃可用于制作装饰镜，可以将其放置于面积较小的室内空间中，可以有效地增加空间感。

图4-68 镜面玻璃应用2
镜面玻璃可以用于走廊底部的墙壁，这样也能有效地增加视线空间，在视觉上扩大空间使用感。

图4-69 银镜玻璃背面
银镜玻璃背面为镀银材质，经敏化、镀银、镀铜、涂保护漆等一系列工序制成，成像比较纯正。

| 图4-64 | 图4-65 | 图4-66 |
| 图4-67 | 图4-68 | 图4-69 |

察到另一侧，从相反面观察则不行，常被应用于光照较弱的隐蔽观察场所，或创造多层次视觉效果、实现无限延伸效果的场景，从外看呈镜面效果，从里看则为灰色的透明玻璃。

二、安全玻璃

安全玻璃品种繁多，能有效保护装饰构造不受破坏，是一类经剧烈振动或撞击不破碎，即使破碎也不易伤人的玻璃，是目前玻璃市场消费的热点。

1. 钢化玻璃

（1）定义。钢化玻璃是安全玻璃的代表，它的生产工艺有两种，一种是将普通平板玻璃经淬火法或风冷淬火法加工处理而成，另一种是将普通平板玻璃通过离子交换方法，将玻璃表面成分改变，使玻璃表面形成压应力层，以增加抗压强度（图4-70、图4-71）。

（2）特点。钢化玻璃的主要优点在于强度比普通玻璃提高数倍，抗弯强度是普通玻璃的3～5倍，抗冲击强度是普通玻璃的5～10倍，提高强度的同时也提高了安全性，即使钢化玻璃遭到破坏后也呈无锐角的小碎片，大幅度降低了对人的伤害；钢化玻璃的耐急冷急热性质比普通玻璃高3倍以上，可承受180℃以上的温差变化，对防止热炸裂有明显的效果；钢化玻璃热稳定性好，表面光洁、透明，能耐酸、耐碱，在回炉钢化的同时还可以制成曲面玻璃、吸热玻璃等多种产品；钢化后的玻璃不能再进行切割、加工，只能在钢化前就将玻璃加工至需要的形状，再进行钢化处理；钢化玻璃的表面会存在凹凸不平现象，有轻微的厚度变薄，玻璃在钢化后比在钢化前要薄，一般情况下，4～6mm厚的平板玻璃经过钢化处理后会变薄0.2～0.5mm。

（3）规格和价格。钢化玻璃的规格与平板玻璃一致，厚度通常为6～15mm不等，其中厚度为6mm的钢化玻璃价格为60～70元/m²，钢化玻璃的价格一般要比同规格的普通平板玻璃高20%～30%。

（4）选购。挑选钢化玻璃时，消费者可借助偏振光片观察钢化玻璃的边缘，发现呈现出彩色条纹；而在玻璃表面，则可见黑白相间的斑点。利用诸如相机镜头或眼镜等工具进行观察，调整光源方向将更有助于这一现象的辨识。值得一提的是，所有合格的钢化玻璃产品均应具备3C质量安全认证标志。

2. 夹层玻璃

（1）定义。夹层玻璃是在两片或多片平板玻璃或钢化玻璃之间，嵌夹以聚乙烯醇缩丁醛树脂胶片，再经过热压黏合而成的平面或弯曲的复合玻璃制品（图4-72～图4-75）。

（2）特点。防夹层玻璃的主要特性是安全性好，一般采用钢化玻璃加工，破碎时玻璃碎片不零落飞散，只产生辐射状裂纹，不至于伤人；抗冲击强度优于普通平板玻璃，防范性好，并有耐光、耐热、耐湿、耐寒、隔声等性能；将夹层玻璃安装在门窗上，能起到良好的隔音效果，夹层玻璃能阻隔声波，维持安静、舒适的起居环境，能过滤紫外线，保护皮肤健康，避免贵重家具、陈列品等褪色。

图4-70 钢化玻璃

钢化玻璃是以普通平板玻璃为基材，通过加热到一定温度后再迅速冷却而得到的玻璃。

图4-71 钢化玻璃应用

钢化玻璃主要用于淋浴房、玻璃家具、无框玻璃门窗、装饰隔墙、吊顶、橱窗展示及玻璃幕墙等部位。

图4-72 3C质量安全认证标志

拥有3C质量安全认证标志的夹层玻璃是比较正规且安全性能较好的，选购时要注意查验。

图4-73 夹层玻璃

夹层玻璃可减弱太阳光的透射，降低制冷能耗，且在受到大撞击破损后，其碎块与碎片仍与中间膜黏在一起，不会发生脱落造成伤害。

图4-70 ｜ 图4-71 ｜ 图4-72 ｜ 图4-73

图4-74 | 图4-75 | 图4-76
图4-77 | 图4-78 | 图4-79

图4-74 夹层玻璃栏板

夹层玻璃具有良好的稳定性，作为栏板安全系数也较高，且能在一定程度上装饰空间。

图4-75 夹层玻璃雨篷

夹层玻璃具备良好的耐湿性，作为雨篷，不仅可以很好地遮挡雨滴，不被轻易损坏，使用年限也较长。

图4-76 夹丝玻璃

夹丝玻璃所用的金属丝网与金属丝线分为普通钢丝与特殊钢丝两种，普通钢丝规格不小于0.4mm，特殊钢丝规格不小于0.3mm。

图4-77 夹丝玻璃门窗

夹丝玻璃制作的门窗具有良好的安全性，如果发生火灾，夹丝玻璃受热炸裂后仍能保持固定状态，起到隔绝火势的作用。

图4-78 夹丝玻璃应用

夹丝玻璃常用于天窗、天棚顶盖及隔墙等，例如阳光房顶部、玻璃雨篷，以及易受震动的门窗上。

图4-79 吸热玻璃

吸热玻璃的生产是在普通钠钙硅酸盐玻璃中加入有色氧化物，如氧化铁、氧化镍、氧化钴及氧化硒等，或在玻璃表面喷涂有色氧化物薄膜，使玻璃带色。

（3）规格和价格。防夹层玻璃的规格与平板玻璃一致，厚度通常为4～15mm不等，其中厚度为4mm＋4mm的夹层玻璃价格为80～90元/m²。如果换用钢化玻璃制作，其价格一般要比同规格的普通平板玻璃高40%～50%。

3. 夹丝玻璃

（1）定义。夹丝玻璃又称为防碎玻璃，是将普通平板玻璃加热到红热软化状态时，再将经过预热处理的铁丝或铁丝网压入玻璃中间而制成的特殊玻璃，夹丝网玻璃应采用经过处理的点焊金属丝网（图4-76）。

（2）特点和应用。夹丝玻璃防火性能卓越，遭受外力冲击或极端温度变化时会产生裂纹，但碎片不会四散飞溅，有效避免尖锐碎片对人体的伤害；其在防盗方面也表现出显著优势，与易损坏的普通玻璃相比，即使夹丝玻璃破碎，其内部的金属线网仍能发挥防护作用；然而，夹丝玻璃也存在一些不足之处，如金属丝网在高温环境下易受辐射氧化，可能导致玻璃表面出现黄色锈斑或气泡，此外，由于夹丝玻璃内部含丝网，可能会对玻璃的透视效果造成一定干扰（图4-77、图4-78）。

（3）规格和价格。夹丝玻璃厚度一般为6～16mm不等，不含中间丝的厚度，产品尺寸一般介于600mm×400mm与2000mm×1200mm之间，其中10mm厚的夹丝玻璃价格为120～150元/m²。

4. 吸热玻璃

（1）定义。吸热玻璃是指保持较高的可见光透过率，且能吸收大量红外辐射的玻璃，具有较高的吸热性能（图4-79）。

（2）特点。吸热玻璃能吸收太阳光辐射与可见光，如6mm厚的蓝色吸热玻璃能挡住50%左右的太阳辐射能，可见光透过率为80%，同样厚度的古铜色玻璃仅为25%；吸热玻璃能使刺目的阳光变得柔和，特别是在炎热的夏天，能有效改善室内光照，使人感到舒适凉爽；吸热玻璃还能吸收太阳光的紫外线，它能有效减轻紫外线对人体与室内物品的损害；吸热玻璃具有一定透明度，透过玻璃能清晰地观察室外景物，玻璃色泽经久不变（图4-80、图4-81）。

（3）规格和价格。吸热玻璃的规格与钢化玻璃相当，6mm厚的吸热玻璃价格为60～70元/m²。在选购时应注意，阳光经玻璃投射到室内，光线会发生变化，应根据需要来选择玻璃的颜色。

5. 中空玻璃

（1）定义。中空玻璃由两层或两层以上的平板玻璃原片构成，四周用高强度气密性复合胶

图4-80 吸热玻璃应用

吸热玻璃一般用于长期受阳光直射的门窗，尤其在我国南方日照强烈的地区特别适用。

图4-81 吸热玻璃构造示意图

由示意图可知，吸热玻璃拥有一层紫外线阻挡材料，当太阳直射时，该吸热玻璃可以吸收大量紫外线，以此使室内空气更凉爽。

图4-82 中空玻璃样本

中空玻璃可以涂上各种颜色或不同性能的薄膜，框内充以干燥剂，以保证玻璃原片间空气的干燥度。

图4-83 中空玻璃门窗展示

中空玻璃可用于住宅、饭店、宾馆、办公楼、学校、医院、商店等需要室内空调的场合。

图4-84 中空玻璃

中空玻璃结构设计合理，符合标准，也能更大程度地发挥出隔热、隔声、防火及防盗的功效。

图4-85 内置百叶中空玻璃窗

中空玻璃耐用性强，同时又具备高强度的优越性能，用中空玻璃制作的门窗，实用性也较强。

| 图4-80 | 图4-81 | 图4-82 |
| 图4-83 | 图4-84 | 图4-85 |

黏剂将玻璃、边框、橡皮条黏接，中间充入干燥气体而成。玻璃原片可以采用普通平板玻璃、钢化玻璃、压花玻璃、夹丝玻璃、吸热玻璃、热反射玻璃等品种（图4-82、图4-83）。

（2）特点。中空玻璃的主要功能是隔热隔声，所以又称为绝缘玻璃，且防结霜性能好，结霜温度要比普通玻璃低20℃左右，传热系数低，普通玻璃的耗热量是中空玻璃的两倍，此外，优质中空玻璃寿命可达25年之久。

（3）规格和价格。中空玻璃一般价格较高，4mm＋5mm（中空）＋4mm厚的普通加工中空玻璃价格为100～120元/m²，同规格的铸造中空玻璃价格为300元/m²以上。

（4）选购。挑选中空玻璃时，应重点考察其光学特性、热传导率以及隔音效果，严格区分中空玻璃与双层玻璃的差异。在冬季，可通过观察玻璃间隙是否出现冰冻现象来判断，而在春夏季节，则需留意是否存在水汽，中空玻璃不会出现冰冻或水汽积聚的情况；嵌有铝条的玻璃通常为双层玻璃，中空玻璃的边框通常采用塑钢材质，而非铝合金（图4-84、图4-85）。

三、装饰玻璃

装饰玻璃是在普通平板玻璃的基础上进行深加工而成的玻璃产品，品种繁多，是现代装修的应用热点。

1. 磨砂玻璃

（1）定义。磨砂玻璃以平板玻璃为基础制作而成，该处理过程涉及机械喷砂、手工碾磨等手段。可以使用氢酸溶蚀法在玻璃表面做出均匀的毛面效果，使其外观具有朦胧的视觉效果，能透射柔和光线而不显得刺眼，透光不透视。

（2）特点。磨砂玻璃由于其透光不透视的性能，多用于需要隐秘或不受干扰的空间，如厨房、卫生间、卧室、会议室等空间的门窗、灯箱、栏板等局部装饰构造（图4-86、图4-87）。

（3）规格和价格。磨砂玻璃的规格与平板玻璃相当，5mm厚的双面磨砂玻璃价格为40～50元/m²。

（4）选购时，要注意玻璃的表面磨砂效果要保持均匀，无透亮点。

紫外线阻挡材料
绿色玻璃
紫外线阻挡50%
可见光

| 图4-86 | 图4-87 | 图4-88 | 图4-89 |
| 图4-90 | 图4-91 | 图4-92 |

图4-86 磨砂玻璃应用

磨砂玻璃隔音效果好，且能弱化视网膜成像，使室内光线变得更柔和，从而不至于太刺眼。

图4-87 磨砂玻璃栏板

磨砂玻璃安全系数高，属于安全玻璃的一种，可以很好地解决在使用中产生的安全问题，且价格较实惠。

图4-88 单辊法制作的压花玻璃

单辊法是将玻璃液浇注到压延成型台上，台面可以用铸铁或铸钢制成，台面或轧辊刻有花纹，轧辊在玻璃液面碾压，制成的压花玻璃再冷却成形。

图4-89 双辊法制作的压花玻璃

双辊法生产压花玻璃又分为半连续压延与连续压延两种工艺，玻璃液通过水冷的一对轧辊，随辊子转动向前拉引后冷却，从而制成单面有图案的压花玻璃。

图4-90 雕花玻璃

雕花玻璃适用于需要阻断视线的装饰构造中，或用于墙、顶面装饰造型。

图4-91 彩釉玻璃样本

彩釉玻璃颜色鲜艳，个性化选择余地大，超过上百余种可供挑选。

图4-92 彩釉玻璃

彩釉玻璃可制成透明彩釉、聚晶彩釉、不透明彩釉等品种，能用于制作背景墙。

2. 压花玻璃

（1）定义。压花玻璃又称为花纹玻璃或滚花玻璃，是采用压延法制造的一种平板玻璃，制造工艺分为单辊法与双辊法（图4-88、图4-89）。

（2）特点和应用。压花玻璃的基本性能与普通透明平板玻璃相同，在光学上具有透光不透视的特点，表面凹凸不平且具有不规则的折射光线，可将集中光线分散，使光线柔和，并具有隐私保护作用。

（3）规格和价格。压花玻璃的规格与平板玻璃相当，5mm厚的压花玻璃价格为40～100元/m^2，具体价格根据花形不同而有区别。

（4）选购。选购压花玻璃时，注意观察玻璃上气泡应＜10个/m^2，不允许有夹杂物，表面上受压辊损伤造成的伤痕应＜4条/m^2。

3. 雕花玻璃

（1）定义。雕花玻璃又称雕刻玻璃，经过特殊工艺处理。该工艺是在标准平板玻璃表面，通过高速气流刻划出深浅不一的纹理、图案或装饰性花纹（图4-90）。

（2）特点。雕花玻璃分为手工雕刻与数字化雕刻两类。手工雕刻工艺依靠工匠对刀具的使用技巧，在玻璃表面雕刻出具有立体感的造型；而数字化雕刻则包括机械雕刻和激光雕刻两种方法，激光雕刻产生的花纹具有更好的精细度和层次感。

（3）规格和价格。雕花玻璃的规格与平板玻璃相当，但是厚度较大，8mm厚的雕花玻璃价格为200～500元/m^2，电脑雕刻产品价格更高，可达到1000元/m^{2}以上，具体价格根据花形不同而有区别。选购雕花玻璃时，要注意花纹中是否存在裂纹或缝隙，这些瑕疵都会影响玻璃的强度。

4. 彩釉玻璃

（1）定义。彩釉玻璃又称为烤漆玻璃，是在平板玻璃或压花玻璃表面涂敷一层易熔性色釉，加热到釉料熔化的温度，使釉层与玻璃表面牢固地结合在一起，经烘干、钢化处理而制成的玻璃装饰材料（图4-91、图4-92）。

（2）特点。彩釉玻璃釉面永不脱落，色泽及光彩保持常新，背面涂层能抗腐蚀、抗真菌、抗霉变、抗紫外线，能耐酸、耐碱、耐热、防水、不老化，更能不受温度与天气变化的影响。

（3）规格和价格。目前，市面上又出现了烤漆玻璃，工艺原理与彩釉相同，但是漆面较薄，容易脱落，价格相对较低。彩釉玻璃的规格与平板玻璃相当，5mm厚的彩釉玻璃价格为100～120元/m²。彩釉玻璃以压花形态的居多，具体价格根据花形、色彩、品种不等，但整体价格较高，适合小范围使用。

5. 变色玻璃

（1）定义。变色玻璃又称为七彩玻璃，是在适当波长光的辐照下改变其颜色，而移去光源时则恢复其原来颜色的玻璃（图4-93、图4-94）。

（2）特点。变色玻璃的着色、褪色是可逆的，并且经久不疲劳、不劣化，如果改变玻璃的组成成分、添加剂及热处理条件，可以改变变色玻璃的颜色、变色、褪色速度及平衡度等性能。

（3）规格和价格。变色玻璃的规格与平板玻璃相当，5mm厚的变色玻璃价格为100～120元/m²。

6. 镭射玻璃

（1）定义。镭射玻璃是在玻璃或透明有机涤纶薄膜上涂敷一层感光涂料，利用激光在玻璃上刻出任意的几何光栅或全息光栅，镀上铝或银，再涂上保护漆而制成（图4-95、图4-96）。

（2）特点。镭射玻璃五光十色的变幻给人以神奇、华贵、迷人的感受，当镭射玻璃处于任何光源照射下时，都产生色彩变化，而且对于同一受光点或受光面而言，随着入射光角度及观察视角的不同，所产生光的色彩与图案也不同；镭射玻璃的技术性能十分优良，钢化镭射玻璃的抗冲击、耐磨、硬度等性能均优于大理石，与花岗石相近；镭射玻璃的耐老化寿命是塑料的10倍以上，在正常使用情况下，寿命达50年；镭射玻璃的反射率在10%～90%的范围内任意调整。

（3）规格和价格。镭射玻璃的规格与平板玻璃相当，5mm厚的镭射玻璃价格为200～300元/m²。

（4）用途。镭射玻璃目前多用于酒吧、酒店、商场、电影院等商业性和娱乐性场所，在家庭装修中也可以把它用于吧台、视听室等空间。如果追求很现代的效果也可以将其用于客厅、卧室等空间的墙面、柱面。

四、玻璃砖

玻璃砖是用透明或彩色玻璃制成的块状、空心玻璃制品或块状表面施釉的玻璃制品，主要有以下3类。

1. 空心玻璃砖

（1）定义。空心玻璃砖是玻璃砖的总称，核心成分包括优质玻璃砂、纯碱及石英粉等硅酸盐类无机矿物，这些原料在高温条件下熔融，通过精加工制造而成。其制造流程是将两块半片的凹形玻璃砖进行对接，利用高温及压力使得接触面熔化并黏合，进而构成坚固的空心玻璃砖结构（图4-97）。

（2）分类和特点。空心玻璃砖主要有透明玻璃砖、雾面玻璃砖、纹路玻璃砖几种产品，玻璃砖的种类不同，光线的折射程度也会有所不同。空心玻璃砖具有隔声、隔热、防水、节能、透光良好等特点，属于非承重装饰材料，装饰效果高贵典雅、富丽堂皇。

图4-93 变色玻璃

变色玻璃又称光致变色玻璃或光色玻璃，是在玻璃原料中加入光色材料之后制成的一种新型玻璃。

图4-94 变色玻璃应用

用变色玻璃制作门窗玻璃，可使烈日下透过的光线变得柔且有阴凉感，在装修能中起到环保节能的作用。

图4-95 镭射玻璃应用

以普通平板玻璃为基材制成的镭射玻璃，主要用于墙面和顶棚等部位的装饰；而以钢化玻璃为基材制成的，主要用于地面装饰。

图4-96 镭射玻璃

使用镭射玻璃是为了它在光的作用下产生的效果，在购买前一定要检验其在光照下的效果。

图4-93 | 图4-94 | 图4-95 | 图4-96

图4-97 空心玻璃砖

空心玻璃砖在生产中可以根据设计要求来定制尺寸、大小、花样、颜色。

图4-98 空心玻璃砖隔墙

空心玻璃砖制作的隔墙具有很好的装饰效果，同时还可以依照尺寸的变化设计出直线墙、曲线墙及不连续墙等。

图4-99 空心玻璃砖隔断

空心玻璃砖强度高、耐久性好，能经受住风的袭击，不需要额外的维护结构就能保障安全性，因而空心玻璃砖隔断可以很好地减少安全事故的发生。

图4-100 空心玻璃砖卫生间隔墙

空心玻璃砖运用于卫生间时可以增加室内装饰效果，无论是单块镶嵌使用，还是整片墙面使用，都有画龙点睛之效。

图4-101 空心玻璃砖卫生间隔断

采用空心玻璃砖砌筑隔墙和隔断，既有区分作用，又能将光引领入室内，运用于卫生间时也能很好地起到保护隐私的作用。

图4-102 实心玻璃砖

实心玻璃砖的颜色比较多，但是大多没有内部花纹，只是表面有磨砂效果。

图4-103 有纹路的实心玻璃砖

带有纹路的实心玻璃砖装饰效果更佳，价格也更加贵，质地更细腻。

图4-104 玻璃饰面砖样式

玻璃饰面砖其中夹入的材料品种多样，如金属、贝壳、树皮等各种具有装饰效果的物品，装饰效果独特，晶莹透亮。

图4-98	图4-99	图4-100
图4-101	图4-102	图4-103
	图4-104	

（3）应用。空心玻璃砖不仅可以用于砌筑透光性较强的墙壁、隔断、淋浴间等，还可以应用于外墙或室内间隔，为使用空间提供良好的采光效果，并有延续空间的感觉（图4-98～图4-101）。

（4）规格和价格。玻璃砖的边长规格一般为195mm，厚度为80mm，价格为15～25元/块。

2. 实心玻璃砖

（1）定义。实心玻璃砖的组成与空心玻璃砖相似，由两块中心为圆形凹陷的玻璃体经黏接形成，具有较大的重量，仅适用于粘贴在墙面或在框架结构上安装，多应用于室内装饰墙体，但用量较少，在实际工程中的使用受到限制（图4-102、图4-103）。

（2）特点。实心玻璃砖同样可用于砌筑，但由于其缺乏砖体周边的凹槽设计，导致无法嵌入钢筋以增强结构稳定性。因此，砌筑的高度通常不超过1000mm，以免坍塌。在室内设计中，实心玻璃砖的周围往往设计照明系统，在光照不足的环境中发挥装饰性作用。

（3）规格和价格。玻璃砖的边长规格一般为150mm，厚度为60mm，价格为20～30元/块。

3. 玻璃饰面砖

（1）定义。玻璃饰面砖又称为三明治玻璃砖，其设计元素来源于三明治，它是采用两块透明的抗压玻璃板，在其中间的夹层随意搭配其他材料，最终经热熔而成（图4-104）。

（2）规格和价格。玻璃饰面砖离不开墙体或框架结构的依托，因此用量不大，一般都与常规墙、地砖配套使用，镶嵌在墙、地砖的铺装间隙。玻璃饰面砖的边长规格一般为150～200mm不等，厚度为30～50mm不等，具体规格根据厂商设计开发来定，价格为50～80元/块。

（3）玻璃砖选购。

1）玻璃砖制品的价格较高，在选购中要注意识别，玻璃砖的外观识别是重点。

图4-105 | 图4-106

图4-105 平抚表面

取玻璃饰面砖样品，轻抚砖体表面，感受掌心下的手感，表面光滑、细腻的为优质的玻璃饰面砖。

图4-106 测量尺寸

在光线充足的情况下，取玻璃饰面砖样品，使用卷尺测量其长、宽、高以及凹陷尺寸和外凸尺寸，并与标准尺寸对比。

2）平抚玻璃砖表面应当精致、细腻，不能存在裂纹，玻璃坯体中不能有不透明的未熔物，两块玻璃体之间的熔接应当完全密封，不能出现任何缝隙。

3）目测砖体表面，不能有涟漪、气泡、条纹。玻璃砖表面内心面里凹陷应小于1mm，外凸应小于2mm，外观无翘曲及缺口、毛刺等缺陷，角度应平直（图4-105）。

4）可以采用卷尺测量玻璃砖的各边长度，看是否符合产品标称尺寸，误差应小于1mm（图4-106）。

★ **小贴士**

玻璃砖具有良好的防水性能，可以增加室内空间透光率，一般用于高端场所装修。目前，越来越多的业主选择使用玻璃砖作为家庭装修材料，以增强居住空间的视觉效果。

决定玻璃砖质量的核心要素在于内置钢筋骨架。尽管在多数家庭装修中，玻璃砖墙体的砌筑面积通常不超过2m²，从而可能省略钢筋骨架的镶嵌，但对于超过1.5m高的砌筑结构，仍需利用钢筋骨架来确保其稳定性。

玻璃砖在隔墙上尤为常见。其构筑的隔断具有高度的透光性，安装便捷，同时具备良好的隔音效果。无论是在家庭还是公共空间的装修中，玻璃砖均表现出色，广泛应用于公司会议室、图书馆阅读区、咖啡厅等场所。玻璃砖隔断不仅避免了传统钢化玻璃隔断的自爆，而且在保持透明性的同时，还增添了一种分隔的层次感，为空间装饰增添了独特的亮点。

五、玻璃制品一览表（表4-2）

表4-2 玻璃制品一览表

名称		图例	性能特点	用途	参考价格
普通玻璃	平板玻璃		表面平整光滑，透明度高，透视、透光性能好	装饰画框，窗户、门等小面积透光造型，室内屏风、隔断	5mm厚，35~40元/m²
	镜面玻璃		色彩多样，通过反射室内场景可在视觉上扩大空间感，有效增加空间亮度	室内隔墙、装饰镜等制作	5mm厚，40~45元/m²

名称		图例	性能特点	用途	参考价格
安全玻璃	钢化玻璃		强度高，抗弯强度高，抗冲击强度高，安全性能优越，热稳定性好	淋浴房、玻璃家具、无框玻璃门窗、装饰隔墙及吊顶等制作	6mm厚，60～70元/m^2
	夹层玻璃		安全性能高，抗冲击能力强，耐光、耐热、耐湿、耐寒、隔声	栏板、门窗等制作	4mm＋4mm厚，80～90元/m^2
	夹丝玻璃		具有优越的防火性能，能有效防盗，但透明度较低，经高温辐射后易氧化	门窗、天窗、天棚顶部等	10mm厚，120～150元/m^2
	吸热玻璃		吸热性能好，能有效改善室内光照，能吸收紫外线，具有一定透明度	用于长期受太阳直射的门窗制作	6mm厚，60～70元/m^2
	中空玻璃		隔热、隔声，防结霜性能好，传热系数低，使用寿命长	应用于住宅、饭店、办公楼、学校等需要室内空调的场合	4mm＋5mm（中空）＋4mm，100～120元/m^2，同规格铸造中空玻璃，300元/m^2
装饰玻璃	磨砂玻璃		表面朦胧、雅致，透光不透形，隔声效果好，安全程度高	厨房、卫生间、卧室等空间的门窗、灯箱等局部装饰构造	5mm厚，40～50元/m^2
	压花玻璃		透光不透视，可使光线柔和，保护隐私，有一定装饰作用	用于室内空间需要阻断视线的部位，或用于墙顶面装饰造型	5mm厚，40～100元/m^2
	雕花玻璃		表面花纹丰富，能够有效保护隐私	用于室内空间需要阻断视线的部位，或用于墙顶面装饰造型	8mm厚，200～500元/m^2 电脑雕刻，高于1000元/m^2

名称		图例	性能特点	用途	参考价格
装饰玻璃	彩釉玻璃		釉面永不脱落，抗紫外线，耐酸、耐热、防水、不老化	适用于小范围使用，如装饰背景墙	5mm厚，100～120元/m²
	变色玻璃		随光照、温度等外界条件的变化而改变自身颜色，耐用性佳，可减少阳光照射对室内空间的影响，节能绿色	室内门窗制作	5mm厚，100～120元/m²
	镭射玻璃		色彩变幻莫测，抗冲击性、耐磨性及硬度等都十分优越，使用寿命长	用于地面、墙面及柱面装饰	5mm厚，200～300元/m²
玻璃砖	空心玻璃砖		隔声、隔热、防水、节能，透光良好，装饰效果好	砌筑墙壁、隔断、淋浴间	长195mm，厚80mm，15～25元/块
	实心玻璃砖		质量重，具备一定的装饰效果	砌筑室内装饰墙体	长150mm，厚60mm，20～30元/块
	玻璃饰面砖		纹样丰富，表面晶莹剔透，装饰效果好	与常规墙、地砖配套使用，镶嵌在墙、地砖铺装间隙	长150～200mm，厚30～50mm，50～80元/块

第四节　玻璃制品安装施工

玻璃制品的施工一般多以镶嵌为主，与塑料板材的镶嵌施工构造基本一致，下面介绍玻璃隔墙施工构造与玻璃砖砌筑施工构造。

一、玻璃隔墙施工

1. 施工方法

首先，对墙面、地面及顶面进行清理，铲除水泥结块，确保墙角平整并进行放线定位。然后，选用木龙骨或轻钢龙骨构建框架，采用木芯板、胶合板搭建基层构造，进行钢化玻璃的定制和加工。接着，检查框架的尺寸、位置、形状，将钢化玻璃嵌入到基层结构中。最后，微调玻璃位置，并安装玻璃压条以固定（图4-107）。

2. 施工要点

墙位放线应清晰、准确，隔墙基层应平整牢固，框架的安装应符合设计和产品组合的要求。玻璃可以嵌入墙体，并保证地面和顶部的槽口深度，当玻璃厚度为5～6mm时，深度为8mm，当玻璃厚度为8～12mm时，深度为10mm，当玻璃厚为5～6mm时，玻璃与槽口的前后空隙为2.5mm，当玻璃厚8～12mm时，空隙为3mm。

在安装玻璃时，如果其中一面为封闭状态，要注意在安装前清洁好表面，待其干透后证实没有污痕后方可安装，安装时应戴上干净的手套。固定玻璃的部位一般要使用硅酮玻璃胶固定，在门窗构造上安装玻璃时，还需要与橡胶密封条等配合使用。

在施工完毕后，要注意加贴防撞警告标志，一般可以粘贴不干贴、彩色电工胶布来提示。

二、玻璃砖砌筑施工

1. 施工方法

首先，在砌筑周边安装预埋件，并根据实际情况采用型钢加固或砖墙砌筑；然后，选出用于砌筑的玻璃砖，备好网架钢筋、支架垫块、水泥或专用玻璃胶待用；接着，在砌筑范围内放线定位，从下向上逐层砌筑玻璃砖，如果是户外施工要边砌筑边设置钢筋网架，使用水泥砂浆或专用填缝剂填补砖块之间的缝隙；最后，采用玻璃砖专用填缝剂填补缝隙，使用干净抹布将玻璃砖表面的水泥或玻璃胶擦拭干净，养护待干，必要时对缝隙进行防水处理（图4-108～图4-114）。

2. 施工要点

玻璃砖墙宜以1.5m高为一个施工段，待下部施工段胶接材料达到承载要求后再进行上部施

图4-107 玻璃隔墙构造

通过玻璃隔墙构造详图，可以了解到在安装玻璃前应对骨架、边框的牢固程度进行检查，如不牢固应进行加固，玻璃边缘与槽底空隙应不小于5mm。

图4-108 打开包装检查玻璃砖

图4-107 | 图4-108

膨胀螺栓
楼板/吊顶
18mm厚木芯板
饰面板
木龙骨
螺钉
10mm厚钢化玻璃

装饰压条
玻璃胶
轻钢次龙骨
轻钢主龙骨
地面

图4-109 户外玻璃砖需用钢筋作骨架　　**图4-110** 接缝处用塑料支架固定　　**图4-111** 室内玻璃砖预装再铺填水泥砂浆

图4-112 玻璃砖砌筑　　　　　　　　图4-113 玻璃砖与墙体间缝隙用水泥砂浆填补　　　　　　图4-114 独立的玻璃砖最好用砖块砌筑边框

工。当玻璃砖墙面积过大或过小时，应在周边增加砖墙支撑，室外玻璃砖墙的钢筋骨架应与原有建筑结构牢固连接，墙基高度一般应不大于150mm，宽度应比玻璃砖厚20mm。

玻璃砖隔墙的顶部和两端应该使用金属型材加固，槽口宽度要比砖厚10～18mm，当隔墙的长度或高度不小于1500mm时，砖间应该增设6～8mm钢筋，用于加强结构，玻璃砖墙的高度应不大于4000m。

玻璃砖隔墙两端与金属型材两翼之间需预留至少4mm的滑动缝，缝隙内填充弹性泡沫密封胶。为应对材料的热胀冷缩特性，玻璃砖与金属型材的腹面之间应保持不小于10mm的胀缝。

玻璃砖隔墙的顶层应嵌入顶部金属型材的槽口10～25mm，玻璃砖之间的缝隙在10～30mm，以避免挤压损坏。玻璃砖与外框型材、型材与建筑结构连接处均需使用弹性泡沫密封胶密封，施工时需确保玻璃砖排列整齐，表面平整，嵌缝用的密封胶也需涂抹密实。

本章小结

在过去的装饰材料市场中，面砖所占的比例很大，面砖在施工工艺过程中的应用相对于其他材料来说也较为广泛。陶瓷饰面砖在装饰中起到了美观的作用，当前我国的大多数建筑物在装饰方面都采取陶瓷饰面砖，因此陶瓷饰面砖在装饰中的应用得到了人们的重视。同样，玻璃因能挡风、避寒、透光、坚固等优点，也已被人们所钟爱，特别是近年来，随着科学技术的发展，深加工的玻璃品种也越来越多。

课后练习

（1）釉面砖的特点有哪些？

（2）通体砖分为哪几种类型？

（3）墙面砖的施工方法是什么？

（4）平板玻璃有哪些常见规格？其价格有何不同？

（5）分组讨论：玻璃隔墙的施工方法是什么？

（6）进行玻璃砖砌筑施工时，应遵循哪些要点？举例说明。

（7）查阅资料，了解我国传统瓷砖行业发展史，分析瓷砖材料未来的发展趋势。

壁纸织物

识读难度　★ ★ ★ ☆ ☆

核心概念　壁纸、地毯、窗帘、壁纸铺贴、地毯铺装、窗帘安装

章节导读　壁纸织物几乎是生活中的必需品，同时也是装修后期的重要材料，除去各种油漆涂料外，壁纸织物最能体现出装修的质感和档次，也能展现出使用者的品位。因此壁纸和织物也成为现代装饰材料的重点。壁纸织物的生产原料多样，质地丰富，价格差距很大，选购时，不仅要根据审美喜好选择花纹色彩，还要注意识别质量，注重施工工艺，选择最为合适的。

```
壁纸织物
├─ 壁纸
│   ├─ 壁纸的特性 ── 定义、特质、价格、壁纸种类
│   └─ 壁纸的应用
│       ├─ 壁纸用量
│       ├─ 图案选择
│       ├─ 色彩选择
│       └─ 壁纸选购
├─ 壁纸铺贴施工
│   ├─ 施工方法
│   └─ 施工注意事项
├─ 地毯
│   ├─ 地毯的特性 ── 定义、地毯种类
│   └─ 地毯的应用
│       ├─ 地毯搭配
│       └─ 地毯选购识别方法
├─ 地毯铺装施工
│   ├─ 施工方法
│   └─ 施工要点
├─ 窗帘
│   ├─ 窗帘种类
│   │   ├─ 百叶窗帘
│   │   ├─ 卷筒窗帘
│   │   ├─ 折叠窗帘
│   │   └─ 垂挂窗帘
│   └─ 窗帘应用
│       ├─ 质地选用
│       ├─ 花色图案
│       ├─ 样式尺寸
│       ├─ 颜色搭配
│       └─ 选购识别
└─ 窗帘安装施工
    ├─ 卷筒窗帘安装
    │   ├─ 安装方法
    │   └─ 注意事项
    └─ 百叶窗帘安装
        ├─ 安装方法
        └─ 注意事项
```

第一节　壁纸

壁纸发源于欧洲，现今在北欧、日本、韩国等国家非常普及，它属于绿色环保材料，不会散发有害人体健康的物质。

一、壁纸的特性

1. 定义

壁纸也被称为墙纸、壁布，是裱糊室内墙面的装饰性纸张或布，现代壁纸的主要原料是树皮、化工合成的纸浆，经漂白后制作成原纸，再经不同工序深加工，如涂布、印刷、压纹或表面覆塑，最后经裁切、包装成品（图5-1、图5-2）。

2. 特质

壁纸维护保养方便，中高档壁纸具有防静电、不吸尘等优点，局部污染可用清水加少量洗涤剂清洗，易于清洁，并有较好的更新性能。

壁纸具有吸声、隔热、抑制霉菌和细菌生长等多种功能，耐用性、抗老化性较强，能防蚊虫。壁纸铺设迅速，能显著减少装修工期，同时能有效预防石膏板接缝及墙角裂缝的产生，维护墙面构造的完整性。

壁纸的日常清洁与保养操作简单，但其成本通常高于乳胶漆，其施工水平不易把控。此外，低档壁纸产品的环保性能往往不理想，可能对室内环境造成污染。

壁纸的日常使用与保养也非常方便，可洗可擦，但壁纸的造价还是比乳胶漆要贵，施工水平与质量不容易控制，档次较低的产品环保性差，仍对装修环境存在污染。

印刷工艺不高的壁纸时间长了会有褪色现象，尤其常受日光照射的部位特别明显，颜色较深的壁纸容易显露出接缝。

3. 价格

常用的塑料壁纸价格为30～150元/卷，每卷可铺装5m²左右，中高端产品中的价格还包含辅助材料与安装费用。

4. 壁纸种类

壁纸种类特别丰富，以纸张为基材可以作出很多变化，这也是其他装饰材料所不能比拟的。

（1）塑料壁纸。塑料壁纸是目前生产最多、销售最大的壁纸，它是以优质木浆纸为基层，以聚氯乙烯（PVC）塑料为面层，经过印刷、压花、发泡等工序加工而成。塑料壁纸具有一定

图5-1 壁纸应用

壁纸应用范围较广，铺装基层材料可以为水泥、木材及乳胶漆等各种材质，便于与装修风格保持一致。

图5-2 壁纸展示

壁纸品种齐全，花色繁多，不仅具有很强的装饰效果，同时也能使环境空间更加温馨、和谐。

图5-1 ┊ 图5-2

的伸缩性、韧性、耐磨性、耐酸碱性，抗拉强度高，基层一般为80～150g/m²的纸张。

塑料壁纸的种类主要分为普通壁纸、发泡壁纸、特种壁纸3种。普通壁纸是以80～100g/m²的纸张作基材，涂有100g/m²左右的PVC塑料，经印花、压花而成；发泡壁纸是以100～150g/m²的纸张作基材，涂有300～400g/m²掺有发泡剂的PVC糊状树脂，经印花后再加热发泡而成（图5-3、图5-4）。

（2）纺织壁纸。纺织壁纸是壁纸中的高级产品，主要是用丝、羊毛、棉、麻等纤维织成，质地柔和、透气性好。纺织壁纸与其他壁纸之间的区别，主要是靠目测背衬材料的质地与厚度来识别，另外，还应注意有无出现抽丝、跳丝现象。

纺织壁纸可分为锦缎壁纸、棉纺壁纸和化纤壁纸。锦缎壁纸表面织有古典精致的装饰花纹；棉纺壁纸是通过处理纯棉平布，进行印花、涂层工艺后使其具备高强度、低静电、小蠕变、无光泽、无异味、吸音效果强、花型丰富及色泽宜人等优点；化纤壁纸采用涤纶、腈纶、丙纶等合成化纤布做基材，经过印花工艺完成（图5-5～图5-7）。

（3）天然壁纸。天然壁纸是一种用草、麻、木材、树叶等自然植物制成的壁纸，也有用珍贵树种、木材切成薄片制成，能将墙体与施工过程中的水分自然排到外部干燥，且不会留下任何痕迹，因此不容易卷边（图5-8、图5-9）。

图5-3	图5-4	
图5-5	图5-6	图5-7
图5-8	图5-9	

图5-3 普通塑料壁纸

普通塑料壁纸适用面广，价格低廉，各方面性能也不错，是目前最常用的壁纸产品之一。

图5-4 塑料发泡壁纸

塑料发泡壁纸是一种具有装饰与吸声功能的壁纸，图案逼真，立体感强，装饰效果好。

图5-5 锦缎壁纸

锦缎壁纸色泽绚丽多彩，质地柔软，铺装的技术性与工艺性要求都很高，且价格较高。

图5-6 棉纺壁纸

棉纺壁纸适用于抹灰墙面、混凝土墙面、石膏板墙面及木板墙面等多种基层铺装。

图5-7 化纤壁纸

化纤壁纸无味、透气、防潮、耐磨、耐晒、强度高、不褪色、质感柔和，适于各种基层铺装。

图5-8 天然壁纸

天然壁纸风格古朴自然，素雅大方，生活气息浓厚，且透气性能较好，不会因为天气潮湿而发霉。

图5-9 天然壁纸染料

天然壁纸所使用的染料一般是从鲜花与亚麻中提取，不容易褪色，色泽自然典雅，无反光感，具有较好的装饰效果。

图5-10 静电植绒壁纸

静电植绒壁纸有丝绒的质感与手感，不反光，具有一定吸声效果，无气味。

图5-11 静电植绒壁纸铺贴

由于静电植绒壁纸不耐湿，不耐脏，不便擦洗，在安装时需注意保洁。

图5-12 金属膜壁纸样本

金属膜壁纸具有不锈钢、黄金、白银、黄铜等金属的质感与光泽，装饰效果华贵，耐老化、耐擦洗、无毒、无味、不易褪色。

图5-13 金属膜壁纸铺贴

金属膜壁纸铺贴时要注意铺装金属膜壁纸的部位应避免强光照射，否则会出现刺眼反光。

图5-14 荧光壁纸

市场上的荧光壁纸多采用无机质酸性化合物为颜料制作而成，在明亮中积蓄光能，暗淡后又重新释放光能，熄灯后20分钟内能呈现出各种色彩和图案。

图5-15 荧光壁纸应用

荧光壁纸的发光图案各不相同，有模仿星空的，也有卡通动画的，可以运用在室内空间或公共娱乐空间的墙壁上。

图5-10	图5-11
图5-12	图5-13
图5-14	图5-15

（4）静电植绒壁纸。静电植绒壁纸是一种新型壁纸，其通过静电植绒技术，将合成纤维短绒均匀地植附于纸质基底上，常用于对装饰性要求较高的局部墙面铺装。静电植绒壁纸具备植绒布料特有的舒适触感，不褪色，还具备优秀的吸音效果、抗菌功能及耐磨性。该壁纸完全符合环保标准，图案多样，颜色丰富（图5-10、图5-11）。

（5）金属膜壁纸。金属膜壁纸是在纸基上涂布一层电化铝箔薄膜（仿金、银），如铝铜合金等，再经压花制成的壁纸，其表面繁富典雅、高贵华丽，通常用于面积较大的中西餐、酒店大堂等空间，一般只作局部点缀，尤其适用于墙面、柱面的墙裙以上部位铺装，所构成的线条颇为粗犷奔放，整片用于墙面可能会造成平庸的效果，但是适当点缀能显露出装饰空间的炫目与前卫（图5-12、图5-13）。

（6）荧光壁纸。由荧光壁纸是在纸面上镶有发光物质，能在夜间或弱光环境下发光，壁纸的发光原理有两种，一种是采用可蓄光的天然矿物质，在有光照的情况下，吸收光能并将其储存起来，当光线很暗时，它又将储存的部分光能自然释放出来，从而产生荧光效果；另一种是采用无纺布作为原料，经紫光灯照射后，产生发光的效果，由于必须借助紫光灯，所以安装成本比较高（图5-14、图5-15）。

图5-16 液体壁纸展示

液体壁纸主要取材于天然贝壳类生物的壳体表层，黏合剂也选用无毒、无害的有机胶体，是真正的天然、环保产品。

图5-17 液体壁纸应用

液体壁纸克服了乳胶漆色彩单一、无层次感及壁纸易变色、翘边、起泡、有接缝、寿命短等缺点，而且具备乳胶漆易施工、图案精美等特点，广泛应用于室内空间的墙面上。

图5-18 竖条纹壁纸应用

竖条纹壁纸能将视线向上引导，会使人对空间的高度产生错觉，非常适合用在较矮的空间内。

图5-19 图案壁纸应用

图案壁纸可以搭配欧式古典家具，从而加深室内空间的氛围感，同时也能提升空间品味。

图5-16	图5-17
图5-18	图5-19

（7）液体壁纸。液体壁纸是一种艺术性墙面装饰材料，为液态桶装。通过特制模具，能在墙面绘制出多样化图案。液体壁纸施工时，无需利用传统的建筑胶水、聚乙烯醇等辅助材料，不含铅、汞等重金属及有害醛类物质，具有无毒无害、环保清洁的特性。液体壁纸是一种水性涂料，具备优异的抗污能力，同时兼具防潮抗菌功能，能防止发霉老化（图5-16、图5-17）。

二、壁纸的应用

1. 壁纸用量

壁纸价格较高，尤其是购买大型花纹、图案壁纸进行装修，须认真计算壁纸的用量。多数壁纸产品都是按卷进行销售，常规壁纸每卷宽度为520mm与750mm两种，此外还有特殊壁纸需另外计算，每卷壁纸的长度一般为10m或20m。

壁纸用量计算方法为：（空间周长×空间高度－门窗、家具面积）÷每卷铺装的平方米数×损耗率，一般标准壁纸每卷可铺装5.2m²，损耗率一般为3%～10%。损耗率的高低与壁纸的花纹大小、壁纸宽度有关，碎花浅色壁纸损耗率较低，为3%，大型图案壁纸耗率较高，为10%。

2. 图案选择

壁纸图案特别丰富，经销商能提供各种壁纸样本供挑选，往往令人眼花缭乱，在选择壁纸图案时要根据实际功能来选择（图5-18、图5-19）。

常见的壁纸图案一般包括竖条纹、图案、碎花纹3种类型。

（1）竖条纹壁纸。能增加环境空间的高度，图案具有恒久与古典特性，是最常见的选择，而如果空间已经显得高大，可以选用宽度较大的条纹图案，因为它能将视线向左右延伸。

（2）图案壁纸。图案壁纸能降低空间的拘束感，鲜艳炫目的图案与花纹最抢眼，有些图案十分逼真、色彩浓烈，适合格局较为平淡无奇的空间。

（3）碎花纹壁纸。碎花纹壁纸可以塑造既不夸张又不平淡的空间氛围，是最常见的选择，选择这种壁纸能获得最安全的视觉效果。

3. 色彩选择

背光区域应避免使用偏蓝或偏紫等冷色调的壁纸，优先考虑偏黄、偏红或偏棕等暖色调壁纸，防止在冬季给人过冷的感觉。

朝阳区域可选择略带冷感的灰色调壁纸，应避免使用天蓝、湖蓝等过冷色；在宽敞空间中，风格清新淡雅的壁纸更合适；在餐厅和娱乐场所，宜采用能营造出活跃气氛的橙黄色壁纸；在狭小空间中，壁纸的选择可根据个人喜好灵活运用。

红色壁纸可以配白色、浅蓝色、米色墙面，粉红色壁纸可以配紫红色、白色、米色、浅褐色、浅蓝色墙面。橘红色壁纸可以配白色、浅蓝色墙面，米黄色壁纸可以配浅蓝色、白色、浅褐色墙面，褐色壁纸可以配米黄色、鹅黄色墙面，绿色壁纸可以配白色、米色、深紫色、浅褐色墙。蓝色壁纸可以配白色、粉蓝色、橄榄绿、黄色墙面，紫色壁纸可以配浅粉色、浅蓝色、黄绿色、白色、紫红色墙面（图5-20、图5-21）。

4. 壁纸选购

壁纸产品门类特别丰富，在选购时要注意识别产品质量，下面就以常见的塑料壁纸为例，介绍通用的识别方法。

（1）识别塑料壁纸的质量关键在于拿捏厚度，底层壁纸经过多次褶皱后应不产生痕迹，壁纸的薄厚应当一致（图5-22）。

（2）仔细闻一下壁纸的气味，如果有异味，则说明甲醛、氯乙烯等挥发性物质含量较高，还可做燃烧试验，经过燃烧后的优质壁纸应变成浅灰色粉末，而伪劣产品在燃烧时会产生刺鼻黑烟（图5-23）。

（3）塑料壁纸表面覆有一层PVC膜，如果条件允许，可以从侧面用指甲剥揭壁纸，优质产品的表层与纸张应不分离（图5-24）。

图5-20 壁纸颜色搭配

壁纸的具体颜色还要根据空间环境、家具陈设的风格进行优化搭配。

图5-21 壁纸选择

同一空间内不会将所有墙壁都铺装壁纸，壁纸与墙壁颜色应当搭配适宜。

图5-22 拿捏厚度

取壁纸样品，拿捏壁纸厚度，厚度一般为3张普通复印纸的厚度，同时注意观察塑料壁纸表面是否存在色差、皱褶、气泡，壁纸的花案是否清晰，色彩是否均匀。

图5-23 燃烧测试

可以用打火机点燃壁纸一角，所散发的烟雾如果很刺鼻，则说明质量较差，无明显异味，则为优品，且离开火焰后，优质壁纸上的火焰应自动熄灭。

图5-24 湿水擦拭

可以用湿抹布或湿纸巾在壁纸表面反复擦拭，优质产品应不浸水、不褪色。

图5-20	图5-21
图5-22	图5-23	图5-24

第二节　壁纸铺贴施工

高壁纸铺装是一种较高档次的墙面装饰施工，工艺复杂，成本较高，施工质量直接影响壁纸的装饰效果，应该严谨对待。

一、施工方法

首先，清理铺装基层表面，对墙面、顶面不平整的部位填补石膏粉腻子，并用240号砂纸对界面打磨平整。然后，对铺装基层表面作第一遍满刮腻子，修补细微凹陷部位，待干后采用360号砂纸打磨平整，满刮第二遍腻子，仍采用360号砂纸打磨平整，对壁纸铺装界面涂刷封固底漆，复补腻子磨平。接着，调配壁纸胶，在墙面上放线定位，展开壁纸检查花纹、对缝、裁切，设计粘贴方案，对壁纸、墙面涂刷专用壁纸胶，上墙对齐粘贴。最后，赶压壁纸中可能出现的气泡，严谨对花、拼缝，擦净多余壁纸胶，修整养护（图5-25～图5-30）。

★ 小贴士

壁纸的污染

随着人们生活水平的提升，壁纸的使用日益普遍，但其引发的环保问题亦逐步凸显。国内壁纸普遍含有甲醛、重金属及氯乙烯等有害成分，这主要来源于壁纸所释放的挥发性有机化合物及粘贴时使用的胶黏剂。一些塑料壁纸可能残留铅、钡等重金属和氯乙烯，而胶黏剂中通常含有甲苯、二甲苯和甲醛等有害化学物质，对居住者的健康构成威胁。应此，在较小的室内空间中，壁纸用量应加以限制，减少其对居住环境的不良影响。

图5-25 墙面满涂封闭底漆

图5-26 根据墙面实际情况裁切壁纸

图5-27 调配好粘贴胶水并静置10分钟

图5-28 均匀滚涂壁纸胶

图5-29 从上向下粘贴壁纸

图5-30 使用刮板赶压壁纸

图5-31 涂胶器

使用壁纸涂胶器能大幅度提高施工效率，要预先将壁纸胶在容器中调配好以后再倒入涂胶器，涂胶器会均匀地将胶涂在壁纸背面，以备铺贴。

图5-32 壁纸涂胶

涂胶时应采用滚涂方式，最好采用壁纸涂胶器，涂胶会更均匀，且需注意塑料壁纸遇水后会膨胀，施工时要用水润纸，使塑料壁纸充分膨胀，纤维及纺织壁纸则无需润纸。

图5-33 对缝铺贴

铺装壁纸前要弹垂直线与水平线，拼缝时先对图案，后拼缝，使上下图案吻合，保证壁纸、壁布横平竖直、图案正确。

图5-34 刮板赶压

采用塑料刮板将壁纸中的气泡与空洞都赶压出来，力度适中，不要将胶也赶压出来了。

| 图5-31 | 图5-32 |
| 图5-33 | 图5-34 |

二、施工注意事项

铺装无纺壁纸时，背面不能刷胶黏剂，需将胶黏剂刷在墙面基层上，铺装壁纸后，要及时赶压出周边的壁纸胶，不能留有气泡。

铺装壁纸时溢流出的胶黏剂液，应随时用干净的毛巾擦干净，尤其是接缝处的胶痕要处理干净。壁纸施工应在相对湿度85%以下的环境中进行，温度不应有剧烈变化，要避免在潮湿季节或潮湿墙面上施工。

抹灰与混凝土层需进行表面清理，确保无尘土和杂质。对于表面裂纹与凹凸，应用刮涂腻子材料以达到预期平整度。对于木质基层，应采用刨削方式以消除毛刺，确保钉头不外露，接缝密合。石膏板应采用嵌缝腻子处理接缝，并用防裂带加固，在其表面继续涂抹腻子。

封固底漆的应选择壁纸粘贴剂的配套产品，均匀涂刷一遍，在潮湿环境中，为预防壁纸受潮剥落，可额外涂刷一层防潮涂料（图5-31～图5-34）。

第三节　地毯

一、地毯的特性

1. 定义

地毯是以棉、麻、毛、丝、草等天然纤维或化学合成纤维为原料，经手工或机械工艺进行编结、栽绒或纺织而成的地面铺装材料。

图5-35 | 图5-36 | 图5-37
图5-38 | 图5-39 | 图5-40

图5-35 块毯

块状地毯铺设方便而灵活，位置可随时变动，对于磨损严重的地毯可以随时调换，从而延长了地毯的使用寿命，达到既经济又美观的目的。

图5-36 门前地毯

门前地毯由花式方块地毯拼装而成，它们可以拼成不同的图案，小块地毯还可以划分功能区。

图5-37 卷毯

常见的化纤地毯、混纺地毯、无纺织纯毛地毯一般以卷材的形式生产、销售，属于卷毯，每卷地毯长度为10~30m，宽度为1.2~4.2m不等。

图5-38 纯毛地毯

纯毛地毯具有图案精美，色泽典雅，不易老化、褪色，具有吸音、保暖、脚感舒适等特点，它属于高档地面装饰材料。

图5-39 手工编织纯毛地毯

手工编织纯毛地毯具有图案优美、富丽堂皇、质地厚实、柔软舒适、保温隔热及吸声隔声等特点。

图5-40 机织纯毛地毯

机织纯毛地毯的性能与纯毛手工地毯相似，但价格远低于手工地毯，其弹性、抗静电、抗老化等性能都优于化纤地毯。

地毯款式主要为块毯与卷毯两种（图5-35、图5-36）。常见的化纤地毯、混纺地毯、无纺织纯毛地毯在销售时可以按米裁切计价，价格低廉，其中普通化纤地毯价格为15～25元/m²，铺设这种地毯能使空间显得宽敞，更有整体感，但损坏更换不太方便。

块毯价格相对较高，其中纯毛地毯价格为300～1000元/m²，甚至更高，而中高档纯毛地毯、混纺地毯一般以成品块状的形式生产、销售，高档纯毛地毯还有成套产品，每套由多块形状、规格不同的地毯组成（图5-37）。

2．地毯种类

（1）纯毛地毯。纯羊毛地毯主要原料为粗绵羊毛，毛质细密，弹性较好，采用天然纤维制成，受压后能很快恢复原状。

1）特质。纯毛地毯不易吸附尘土，不带静电，还展现出一定的阻燃性能。然而，由于纯毛地毯源自天然材料，其耐潮性相对较弱，容易发生霉变和虫蛀现象，这不仅损害了地毯的美观，而且可能缩短其使用周期（图5-38）。

2）种类。纯毛地毯分为手工编织与机织两大类。手工编织地毯多选用绵羊毛纺纱，染色后编织成各种图案，随后用专业设备平整毯面，洗出丝光；机织纯毛地毯毯面平滑、光泽度佳，具有较好的弹性和耐磨性（图5-39、图5-40）。

（2）混纺地毯。混纺地毯是以纯毛纤维与各种合成纤维混纺而成的地毯，因掺有合成纤维，所以价格较低，使用性能有所提高。例如，在羊毛纤维中加入20%的尼龙纤维混纺后，可使地毯的耐磨性提高5倍。

1）特质。混纺地毯价格适中，同时克服了纯毛地毯不耐虫蛀和易腐蚀等缺点，在弹性与舒适度上又优于化纤地毯，性价比最高，色彩及样式繁多，既耐磨又柔软。

2）种类。混纺地毯的品种极多，常以毛纤维与其他合成纤维混纺制成，例如，80%的羊毛纤维与20%的尼龙纤维混纺，或70%的羊毛纤维与30%的烯丙酸纤维混纺（图5-41）。

图5-41
图5-42
图5-43 图5-44 图5-45

图5-41 混纺地毯

图5-42 化纤地毯

图5-43 锦纶地毯

图5-44 观察密度

取地毯样品，仔细观察，优质地毯的绒头质量高，毯面的密度丰满，这样的地毯弹性好、耐踩踏、耐磨损且舒适耐用。

图5-45 观察背面

取地毯样品，在光线充足的情况下，仔细观察毯背是否有脱衬、渗胶等现象，有则为劣质品。

（3）化纤地毯。化纤地毯一般由面层、防松层、背衬3部分组成，面层以中、长簇绒纤维制作；防松层以氯乙烯共聚乳液为基料，添加增塑剂、增稠剂、填充料，以增强绒面纤维的固着力；背衬是用黏结剂与麻布胶合而成（图5-42）。化纤地毯的种类较多，主要有尼龙、锦纶、腈纶、丙纶及涤纶地毯等。化纤地毯中的锦纶地毯耐磨性好，易清洗，但易变形（图5-43）；腈纶地毯柔软、保暖、弹性好，不霉变、不腐蚀、不虫蛀；丙纶地毯质轻、弹性好、强度高，原料丰富，生产成本低；涤纶地毯耐磨性仅次于锦纶，耐热、耐晒、不霉变、不虫蛀，但存在染色困难的问题。

二、地毯的应用

1. 地毯搭配

（1）根据风格搭配。环境空间的装修风格直接影响地毯的选用，或是欧式风格，或是中式风格，或是古典风格，或是现代风格，这一切决定了地毯的类别、档次、色泽、图案等选购因素，选用具有一定风格的地毯才能使装修达到尽善尽美、锦上添花的效果。

（2）根据区域来搭配。环境空间由多个不同区域组成，如走道、会客室、展厅等，由于这些区域的功能不同，也造成使用方式不同，或静或闹，或冷或暖，为了适应不同区域的特殊性，各区的地毯选择应既有所区别，又相呼应。

纯毛地毯成本较高，其应用多局限于较小面积的局部空间，如卧室边缘或沙发周围，每个房间铺装单片地毯足以；混纺地毯因其性价比优势，更适合铺设于面积较大的空间，如中西式餐厅或KTV包房地面，或餐桌和茶几下方；化纤地毯价格低廉，适合铺设在办公区域、健身房及棋牌室等大面积空间，但不宜应用于卧室或客房铺装；剑麻地毯及化纤地毯常被用于门厅、走廊以及卫生间入口等区域，起到吸尘、吸水作用。

2. 地毯选购识别方法

（1）地毯产品的原料品种较多，选购时主要观察地毯的绒头密度，可以用手去触摸地毯，感受手部的触感。

（2）仔细观察地毯的软硬度，地毯毛绒的软硬与地毯质量无关，主要质量差异在于毛绒与基层毯之间的衔接力度，优质产品衔接很紧密，绒头不易倒塌、变形、折断，相反，伪劣产品非常松散（图5-44～图5-47）。

图5-46 | 图5-47
图5-48 | 图5-49 | 图5-50

图5-46 脱离测试

撒一些米粒在地毯上，用宽胶带将米粒粘起来，看是否会将地毯的毛绒纤维也粘起来，如果将毛绒纤维也粘到胶带上，则说明地毯容易掉毛，质量不佳。

图5-47 吸尘测试

打开吸尘器最大风量，观察吸尘器的集尘容器中是否有地毯的毛绒纤维，如果有，则说明地毯容易掉毛，质量不佳。

图5-48 预先放线定位

图5-49 铺装时注意对齐花纹

图5-50 楼梯铺设地毯时要粘贴牢固

图5-51 卷毯铺装构造

此图为卷毯铺装构造示意图，在进行卷毯铺装时，钉倒刺板挂条应沿房间或走道四周踢脚板边缘，要用高强水泥钉将倒刺板钉在地面基层上，倒刺板应距离踢脚板面8~10mm，以便于钉牢倒刺板。

第四节　地毯铺装施工

地毯有块毯与卷毯两种形式，块毯铺设简单，将其放置在合适的位置压平即可，而卷毯一般采用卡条固定，适用于各种场所。

一、施工方法

首先，在铺设之前进行实地测量，对各个墙角的角度进行记录；接着，在地毯背面进行弹线与裁剪作业，并安装踢脚线，保证其下边缘与地面之间的间隙略大于地毯厚度，具体数值宜控制在2~3mm。将边缘倒刺板安装到位，并在其接缝处用胶带将其黏贴在两块地毯背面，并将接缝处的绒毛修剪整齐。铺设完成后，用撑子将地毯整平，将其挂在倒刺板上。最后，裁割地毯时应经纱方向切割，仅割断纬纱，避免损伤经纱。针对有背衬地毯，需从正面分离绒毛，准确识别经纱与纬纱后，再进行裁剪（图5-48~图5-50）。

二、施工要点

铺设地毯的基层一般为水泥地面，也可以是木地板或其他材质地面，要求表面平整、光滑、洁净，如有油污，须用丙酮或松节油擦净。地毯如果铺设在水泥地面上，水泥地面应具有一定的强度，表面平整偏差应不大于4mm。

地毯裁剪前一定要精确测量空间尺寸，每段地毯的长度要比实际测量尺寸长50mm左右，宽度要以裁去地毯边缘线后的尺寸计算。弹线裁去边缘部分时，要从毯背裁切，裁好后卷成卷并编上号，放入对号部位，固定地毯时，先将地毯长边固定在倒刺板上，毛边掩到踢脚板下。门口压条、门框及过道平台等部位的地毯铺装应进行套割、固定、掩边等操作。将地毯固定在倒刺板上时，要掩好毛边，多出的地毯应裁切掉，直至四个边都固定在倒刺板上（图5-51）。

第五节　窗帘

窗帘是用布、竹、苇、麻、纱、塑料、金属材料等制作的遮蔽窗户或调节室内光照的帘子。窗帘的主要作用是与外界隔绝，保持环境空间的私密性（图5-52）。

一、窗帘种类

1. 百叶窗帘

（1）分类。百叶窗帘按照材料和帘片方向可以分为水平百叶窗帘、垂直百叶窗帘及竹制百叶窗帘。

1）水平百叶窗帘。水平百叶窗帘的特点是当转动调光棒时能使帘片转动，能随意调整室内光线，拉动升降拉绳能使窗帘升降并停留在任意位置（图5-53）。

2）垂直百叶窗帘。垂直百叶窗帘的特点是帘片垂直、平整，间隔均匀、线条整洁明快，装饰效果极佳，其中布艺垂直百叶还具有防潮、防水、防腐等特点（图5-54）。

3）竹制百叶窗帘。竹制百叶窗帘的竹帘有良好的采光效果，纹理清晰、色泽自然，使人感觉回归自然。

（2）规格和价格。百叶窗帘的条带宽有80mm、90mm、100mm及120mm等多种，不同材质的百叶窗帘需用在不同的空间内。例如，木质与竹制百叶窗帘适合用于家居空间，铝合金或钢制的适宜用于公共空间，常见的塑料百叶窗帘价格低廉，为60～80元/m²，金属与木材百叶窗帘价格较高，为150～250元/m²。

2. 卷筒窗帘

（1）特质。卷帘具有外表美观简洁、结构牢固耐用等诸多优点，当卷帘面料放下时，能让室内光线柔和，免受直射阳光的困扰，达到很好的遮阳效果，当卷帘升起时它的体积又非常小，不易被察觉。

（2）分类。卷帘可分为弹簧式、电动收放式及珠链拉动式。弹簧式卷帘结构紧凑、操作便捷，是市场上最常见的品种；电动收放式卷帘的操作仅需启动电源控制开合，方便快捷且无噪声（图5-55）；珠链拉动式卷帘是一种单向运动的机械窗帘，拉动流畅（图5-56）。

图5-52	图5-53	图5-54
图5-55	图5-56	

图5-52 窗帘

窗帘既可以减光、遮光，以适应人对光线不同强度的需求，又可以防风、除尘、隔热、保暖、消声、防辐射，改善环境空间。

图5-53 水平百叶窗帘

水平百叶式窗帘由横向板条组成，只要稍微改变一下板条的旋转角度，就能改变采光与通风。

图5-54 垂直百叶窗帘

垂直百叶窗帘属于简单的遮挡方式，经济实惠，大部分是白色，比较百搭，因叶片垂悬挂于上轨而得名，可以达到遮阳的目的，大方、线条明快。

图5-55 电动收放式卷帘

电动收放式卷帘根据帘布的尺寸与重量可选用不同规格的电动机，可用1个电动机拖多副卷帘，适用于大型空间。

图5-56 珠链拉动式卷帘

珠链拉动式卷帘只要拉动珠链传动装置，帘布便会上升或下降，操作简单，使用方便。

（3）规格和价格。卷帘的规格可以根据需求定制，弹簧式卷帘以4m²以内为宜，电动式卷帘的宽度可达2.5m，高度可达20m，珠链拉动式卷帘高度一般为3～5m，常见的弹簧式卷帘价格较低，为50～80元/m²。

3. 折叠窗帘

（1）定义。折叠窗帘的机械构造与卷筒式窗帘类似，第1次拉动即下降，所不同的是第2次拉动时，窗帘并不像卷筒式窗帘那样完全缩进卷筒内，而是从下面一段段打褶升上来，褶折幅度与间距要根据面料的质感来确定（图5-57）。

（2）规格和价格。折叠窗帘使用的面料特别丰富，规格可根据需求定制，每个单元的宽度宜≤1.5m，中档折叠窗帘价格为100～150元/m²。

4. 垂挂窗帘

（1）定义。垂挂窗帘的构造最复杂，由窗帘轨道、装饰挂帘杆、窗帘箱或帘楣幔、窗帘、吊件、窗帘缨（扎帘带）、配饰五金件等组成（图5-58）。

（2）规格和价格。垂挂窗帘主要用于家居空间、中西餐厅、酒店大堂、客房等私密、温馨的空间里。垂挂窗帘的规格可根据需求定制裁剪，中档垂挂窗帘价格为200～300元/m²。

二、窗帘应用

1. 质地选用

选择窗帘时，应当考虑整体装修风格。对于追求透光感的空间，可采用棉布、尼龙绸、罗纱或网眼布等轻薄型织物，允许自然光线的部分穿透，在日间提供一种隐秘与安全的感觉。这种织物质感柔软轻盈，悬垂效果较好（图5-59）。对于追求私密感的空间，可选择厚重型织物，如灯芯绒、呢绒、金丝绒或毛麻等材料（图5-60、图5-61）。

图5-57 折叠窗帘

折叠窗帘应根据使用程度，定期更换窗帘拉绳，避免拉绳与窗帘发生缠绕，窗帘全部上升到位以后，仍会有一部分遮住窗户。

图5-58 垂挂窗帘

垂挂窗帘除了不同的类型选用不同织物与式样以外，用窗帘缨束围成的帷幕形式也是一种流行的装饰手法。

图5-59 薄罗纱窗帘

薄罗纱窗帘具有良好的透光性和透气性，质地较轻，能够营造一种比较轻快的室内氛围。

图5-60 金丝绒窗帘

金丝绒窗帘质地比较厚重，一般给人一种较肃穆的感觉，整体较华贵，手感也十分不错。

| 图5-57 | 图5-58 |
| 图5-59 | 图5-60 |

图5-61 窗帘质地与特性

薄罗纱窗帘具有良好的透光性和透气性，质地较轻，能够营造一种比较轻快的室内氛围

图5-62 窗帘褶皱

褶皱之后的窗帘更能彰显其飘逸、灵动的效果，一般窗户宽度的1.5倍为平褶皱，窗户宽度的2倍为波浪褶皱。

图5-63 双色窗帘

双色窗帘可以更好地突显空间层次感，色彩的多样化也能丰富室内内容，增强室内愉悦氛围，但要切忌不可随意搭配色彩。

图5-61 | 图5-62
———————
     | 图5-63

2. 花色图案

窗帘织物的色彩应依据地理特征和季节变化来调整。例如，夏季宜选择冷色调窗帘材料，能带来视觉上的清凉感；冬季宜选择暖色调，以营造温馨的氛围；至于春秋季节，中性色调更加理想。

窗帘色彩应与室内的墙面、家具、地板等元素的颜色相协调。深色家具可搭配浅色窗帘，避免色彩过深带来的沉闷感和压迫感。

3. 样式尺寸

对于面积较小的空间，窗帘应以比较简洁的式样为佳，以免使空间因为窗帘的繁杂而显得更为窄小。对于面积较大的房间，则宜采用比较大方、气派、精致的式样，窗帘的宽度尺寸一般以两侧比窗户各宽出100mm左右为宜，底部应视窗帘式样而定，短式窗帘也应长于窗台底线150mm左右，落地窗帘一般应距地面50mm。垂挂窗帘都带有褶皱，这需要按窗户的实际宽度将窗帘布料以一定比例加宽（图5-62）。

4. 颜色搭配

浅绿、淡蓝等自然、清新的颜色，能使人心情愉悦，容易失眠的人可以尝试选用红、黑搭配的窗帘，有助于尽快入眠。

色调与图案均明快的窗帘，给人热情好客之感，如果加以网状窗纱点缀，更会增强空间层次（图5-63）。

餐厅选用黄色、橙色窗帘能增进食欲，白色则有清洁之感，办公室窗帘应以中性偏冷色调为主，其中以淡绿、墨绿色、浅蓝色为佳。

卧室、客房则应选择色调平稳的窗帘，如浅棕色、棕红色的家具可搭配蓝绿、米黄、橘黄色窗帘，白色家具可配浅咖啡、浅蓝、米色窗帘。

图5-64 闻窗帘气味

仔细闻一下窗帘的气味，如果面料散发出刺鼻的异味，就说明可能有甲醛等有害物质残留，最好不要购买。

图5-65 拉扯窗帘

使用一定的力度拉扯窗帘，感受其韧性，表面不会出现线条开裂或者色泽变化的为优质品。

图5-64 | 图5-65

5. 选购识别

选购时可嗅闻窗帘，注意其是否散发异味（图5-64）。通常选择浅色系列产品更为合适，因为其甲醛含量与染色牢固度超标的风险更低。对于面料的质量评估，可以通过对窗帘布料的物理拉伸测试来进行，确保其不存在裂缝或脱落的状况（图5-65）；窗帘的所有配件应保持光滑无刺、无锈迹；采用棉花、亚麻、丝绸和羊毛等天然纤维制成的窗帘价格较高，带有团花或碎花等装饰图案的布艺窗帘深受消费者喜爱，但这些材质的织物具有5%的缩水率，购买时应注意。

第六节 窗帘安装施工

不同类型的窗帘有不同的安装方法，这里就卷筒窗帘和百叶窗帘来做一个具体的介绍，其他窗帘均可以此为参考。

一、卷筒窗帘安装

卷筒窗帘的安装比较简单，一般在买回来的窗帘中都会有说明书，依据说明书也可以很快捷地安装窗帘。

1. 安装方法

（1）安装前检查工作。安装之前首先要做的就是测量相关的尺寸，主要测量窗户的高度、宽度及离天花板的距离（图5-66）。将门上多余的残留物清除掉，一般门高为2.2m，安装之前可以先准备一个三角梯，方便操作（图5-67）。将买回的卷筒窗帘布放置在桌子上，打开查看是否有色差、破裂、起皱、宽度不均等现象，一旦发现，应立即更换（图5-68）。打开窗帘包装袋，可以看到购买的卷筒窗帘里包括有窗帘滚轴、拉绳、螺丝、固定杆件及窗帘底盖等配件，安装之前要检查螺丝尺寸大小是否合适（图5-69）。打开卷筒窗帘布，轻轻拉扯，检查其柔韧性和抗压能力，确定无误后将窗帘布卷起来，放置一边备用（图5-70）。

图5-66 测量相关尺寸

图5-67 清除门上残留物

图5-68 检查窗帘布是否有色差

图5-69 检查相应配件

图5-70 检查窗帘布的柔韧性和抗压能力

图5-71 用马克笔记好钻孔位置

图5-72 使用充电式电钻钻小孔

图5-73 钉入螺丝钉

图5-74 安装窗帘金属底座

图5-75 测量窗帘布宽度和底座之间的间距

图5-76 将滚轴插入卷筒窗帘中

图5-77 安装金属底座

图5-78 固定窗帘

（2）打孔定位。使用卷尺测量孔洞位置，确定好孔洞的位置后，用马克笔画上十字标识图案，既醒目又方便，十字标识图案的中心即为钻孔的位置（图5-71）。

用充电式电钻在预先标记的十字形中心位置钻小孔，方便后续安装螺丝（图5-72）。在完成钻孔操作之后，应将窗帘底座对准孔位，置于门楣上方，之后采用梅花螺丝刀将螺丝钉旋入预制孔洞中（图5-73）。依照上述流程，安装另一侧的窗帘金属底座（图5-74）。安装到位之后，应对卷筒窗帘布的幅宽及两个底座之间的距离进行测量（图5-75）。

（3）安装卷筒。将滚轴插入卷筒窗帘中，使滚轴与卷筒窗帘贴合紧密，没有空隙（图5-76）。将对应的塑料窗帘底座安装在金属底座上，注意对准角度，不要太过用力，以免塑料底座破裂，另一边也是如此（图5-77）。将卷筒窗帘的一边对准拥有圆形孔洞的底座，使其固定在底座上（图5-78）。将卷筒窗帘的另一边安装在底座上，此时安装会有些费力，将窗帘向上移动，将其缓缓地安装进底座即可，安装结束后用手按压窗帘的中心，检查窗帘两边是否均安装准确（图5-79）。将塑料底座盖安装到底座上，安装时沿着孔洞方向慢慢往前推，另一边也是如此安装底座盖，安装结束后注意检查（图5-80）。

图5-79 固定另一边窗帘

图5-80 安装塑料底座盖

图5-81 检验拉合度

（4）检查性能。卷筒窗帘安装结束之后拉动拉绳，检查窗帘上下拉合是否有障碍，注意把控力度，力度过大可能会将拉绳上的拉珠扯掉（图5-81）。

2. 注意事项

卷筒窗帘适合安装在面积小的窗户上，使用起来也会比较方便。

钻孔时注意先拧入螺丝钉的1/3，等另一孔洞的螺丝钉拧入1/3后再拧剩下的一部分，这样可有效保证窗帘安装的平稳性。

安装另一边窗帘底座时，注意辨别两边底座的区别，一个是中心有圆孔的底座，安装在没有滚轴的一边；一个是中心有方孔的底座，安装在有滚轴的一边。

测量卷筒窗帘布的宽度和两个底座之间的间距时，要确保窗帘布的宽度与底座间间距一致，如果发现有偏差，要及时进行更改。

将滚轴插入卷筒窗帘中时，注意滚轴要摆正，不要有偏差，插入后要拍两下，这样在后期使用中窗帘才不会轻易脱落。

卷筒窗帘在使用时要注意保养，一般可以蘸取适量的酒精来进行清洗，尽量避免油污物等与其触碰。

★ **补充要点**

窗帘维护保养方法

新购入的窗帘在使用1～2月后应进行清洗。清洗时，先在清水中进行浸泡与清洗，随后在通风良好的环境中晾晒，促进甲醛的分解和挥发。

（1）布料窗帘。绒布窗帘具有较强的吸尘能力，更换时应先抖落灰尘，随后将窗帘浸入含有清洁剂的水中浸泡约15分钟。绒布窗帘不宜放入洗衣机清洗，应手工轻压滤水，清洗完成后让水分自然滴干或蒸发。棉麻布窗帘则可直接放入洗衣机中清洗，加入适量洗衣粉及少许衣物柔顺剂可保持窗帘的柔顺性和质感。

（2）百叶帘与卷帘。百叶帘与卷帘的清洗方式不同：百叶帘可直接用水清洗，喷洒适量清水后，用抹布擦拭干净，拉绳则用蘸有清洁剂的湿抹布清洁；而卷帘则可直接使用洗涤剂擦拭，注意易吸附灰尘的四周区域，应使用软刷去除灰尘后，再用清水擦拭。

二、百叶窗帘安装

百叶窗帘除去最常见的铝合金材质的，还有印有各类图案的竹质百叶窗帘等，百叶窗帘在办公空间中经常会有用到，现在家居中也会运用到百叶窗帘。

1. 安装方法

第一，百叶窗帘安装前也同样需要测量尺寸，测量区域与卷筒窗帘基本一致（图5-82）。

第二，佩戴好手套，并检验百叶窗帘的拉绳是否存在断裂现象（图5-83）。

第三，检查摇杆和其他配件是否有问题，如有问题必须及时更换，并确认螺丝大小是否正确（图5-84、图5-85）。

第四，测量门上长、宽等数值和百叶窗帘的长度，并与设计图纸相比对看是否正确（图5-86、图5-87）。

第五，参照百叶窗帘配件上的孔洞，用记号笔在待安装孔位标注十字交叉标志，以增加螺钉安装的准确性（图5-88）。

第六，用充电式电钻将螺丝的1/3部分旋入木板，另一螺丝也植入相同深度。随后将已植入的螺丝拔出备用，原位置留下螺孔，有效防止螺丝滑动导致的安装误差（图5-89）。

第七，安装窗帘挂件并将窗帘安装到其中（图5-90、图5-91）。

第八，将百叶窗帘U型铝合金中的塑料拉片拉出，并将上方金属挂件与U型铝合金的卡口对准，然后松开塑料拉片，另一边也依照这种方法将百叶窗帘卡扣在挂件上（图5-92）。

图5-82 测量相关的尺寸

图5-83 检查拉绳

图5-84 检查摇杆是否断裂

图5-85 检查螺丝尺寸是否合适

图5-86 测量百叶窗帘的长度

图5-87 测量门头百叶窗帘安装长度

图5-88 用记号笔记下钻孔位置

图5-89 钉入螺钉

图5-90 安装窗帘挂件

图5-91 安装窗帘

图5-92 安装窗帘卡扣

图5-93 检验开合度

第九，同时拉动两根拉绳，百叶窗帘会同时被卷起，上下来回拉动窗帘，检验其开合是否顺畅（图5-93）。

2. 注意事项

百叶窗帘适用于面积比较小的窗户，也适用于需要调节遮光环境和一定隐私度的区域，百叶窗帘上一般都会配备有拉绳，购买回来后要检查拉绳是否无断裂。

百叶窗帘拉绳的另一边是摇杆，摇杆主要控制百叶窗帘叶片的闭合度，在安装之前，也需要检查摇杆是否有裂痕。

安装窗帘挂件时，首先需确保将挂件对准预先设定的孔洞，并注意上下方向，操作时应使挂件与木板表面保持平行状态。

在将整理好的百叶窗帘置入两个配件之间时，务必注意对准孔洞。采用梯子辅助安装，不仅便于操作，还能有效卡紧窗帘，维持其稳定性。

使用拉绳时需控制力度，并定期进行清洁。在操纵旋转摇杆时，应缓慢转动杆身，避免因用力过猛或转速过快而导致摇杆断裂的风险。

本章小结

由于壁纸具有特殊性，其装修色彩和风格成为整个家庭的基调。壁纸的多样化完全符合家庭装饰中"轻装修、重装饰"的原则，深受广大消费者的喜爱。壁纸的铺贴也是一门大学问，对壁纸有所了解的人都知道，壁纸张贴之后的效果如何，三分在于壁纸，七分在于铺贴，由此可见壁纸的铺贴有多么重要，想要让壁纸铺贴展现出更好的墙面效果，必须选择专业的壁纸铺贴团队。

课后练习

（1）釉面砖的特点有哪些？

（2）通体砖分为哪几种类型？

（3）墙面砖的施工方法是什么？

（4）平板玻璃有哪些常见规格？其价格有何不同？

（5）分组讨论：玻璃隔墙的施工方法是什么？

（6）进行玻璃砖砌筑施工时，应遵循哪些要点？举例说明。

（7）查阅资料，了解我国传统瓷砖行业发展史，分析瓷砖材料未来的发展趋势。

油漆涂料

识读难度 ★★★☆☆

核心概念 填料、普通涂料、装饰涂料、特种涂料、涂料施工

章节导读 油漆与涂料的概念并无明显区别，只是油漆多指以有机溶剂为介质的油性漆，或是某种产品的习惯名称。油漆涂料是能牢固覆盖在装修材料表面的混合材料，是能形成黏附能力且具有一定强度与连续性的固态薄膜，能对装修材料起保护、装饰、标志作用。现代装修中运用的油漆涂料品种繁多，一般以专材专用的原则选用。

定义、特质和应用、规格和价格	石膏粉	
定义、特质、规格和价格	腻子粉	
定义、特质、规格和价格	原子灰	
一看		
二捏		
三观察	填料识别选购方法	
四添加		
	填料一览表	

基础填料

仿瓷涂料	定义、分类、特质、规格和价格	
发光涂料	定义、特质和应用、分类、规格和价格	
绒面涂料	定义、规格、价格和应用	
肌理涂料	定义、特质、规格和价格	
裂纹漆	定义、特质、规格和价格	
硅藻涂料	定义、应用和施工、规格和价格、选购	
真石漆	定义、组成、规格和价格、选购	
装饰涂料一览表		

装饰涂料

油漆涂料

防水涂料	定义、分类
防火涂料	定义、分类、施工方法
防霉涂料	定义、特质、分类、规格和价格
防锈涂料	定义、特质、规格和价格
地坪涂料	定义、应用、特质、规格和价格

特殊涂料

定义、分类、应用、规格和价格、选购	清漆	
定义、特质、分类	厚漆	
定义、分类、应用、规格和价格、选购	水性木器漆	
定义、应用和规格	调和漆	
定义、分类、规格和价格、选购	乳胶漆	

普通涂料

填料施工	施工方法
	施工要点
常规油漆涂料施工	施工方法
	施工要点

油漆涂料施工

第一节　基础填料

填料又称为填泥，即平整墙体、装饰构造表面的一种凝固材料，一般涂装于底漆表面或直接涂装在装饰构造表面，既能用来平整涂装表面高低不平的缺陷，又能在表面作全部刮涂。

一、石膏粉

1. 定义

石膏粉又称为生石膏，而现代装修所用的石膏粉多为改良产品，在传统石膏粉中加入了增稠剂、促凝剂等添加剂，才使得石膏粉与基层墙体、构造结合更完美（图6-1、图6-2）。

2. 特质和应用

石膏粉的凝固速度快，具有卓越的防火效能，还具有保湿、隔热、吸声、耐水、抗渗及抗冻等功能。石膏粉主要应用于石膏板吊顶的修补，隔墙缝隙的填充，墙面线槽和水泥墙面的刮平。石膏粉不仅能使表面固化速度加快，还能够防止裂缝产生（图6-3、图6-4）。

3. 规格和价格

品牌石膏粉的包装规格一般为每袋5～50kg等多种，可以根据实际用量来选购，其中包装为20kg的品牌石膏粉价格为50～60元/袋，散装普通生石膏粉价格为2～3元/kg。

二、腻子粉

1. 定义

腻子粉是指在油漆涂料施工之前，对施工界面进行预处理的一种成品填充材料，主要目的是填充施工界面的孔隙并矫正施工面的平整度，为了获得均匀、平滑的施工界面打好基础（图6-5、图6-6）。

图6-1 石膏粉

石膏粉硬化后具有一定的膨胀性，凝结硬化后孔隙率大，还可调节室内温度和湿度。

图6-2 石膏粉应用

石膏粉可以用于刮平墙面裂缝，能使表面具有硬度高、易施工的优点。

图6-3 生石膏粉

图6-4 熟石膏粉

图6-1	图6-2
图6-3	图6-4

特级熟石膏粉
25±0.25KG
石膏制品有限公司

2. 特质

腻子粉不耐水，适用于北方干燥地区，如果用于要求耐水、高粘结强度的地区，还要加入水泥、有机胶粉、保水剂等配料。而对于彩色墙面，可以采用彩色腻子，即在成品腻子中加入矿物颜料，如铁红、炭黑、铬黄等。

3. 规格和价格

腻子粉的品种十分丰富，知名品牌腻子粉的包装规格一般为20kg/袋，价格为50～60元/袋。其他产品的包装一般为5～25kg/袋不等，可以根据实际用量来选购，其中包装为15kg的腻子粉价格为15～30元/袋。

三、原子灰

1. 定义

原子灰是一种不饱和聚酯树脂腻子，具有易刮涂、常温快干、易打磨、附着力强、耐高温、配套性好等优点，是填充各种板材表面的理想材料（图6-7）。

2. 特质

原子灰的功能与腻子粉基本相同，但应用区域有一定差异。腻子粉主要用于墙顶面乳胶漆与壁纸施工的基层处理，而原子灰则主要针对金属或木材表面的刮涂，还常与其他底漆、面漆共同使用，充当各类厚漆、清漆、硝基漆涂装前的基层材料。

3. 规格和价格

原子灰的品种十分丰富，知名品牌腻子粉的包装规格一般为3～5kg/罐，价格为20～50元/罐，可以根据实际用量来选购。

四、填料识别选购方法

1. 一看

打开包装仔细闻填料的气味，优质产品无任何气味，而有异味的一般为伪劣产品。

2. 二捏

用手拿捏一些腻子粉，感受其干燥程度，优质产品应当特别细腻、干燥，在手中有轻微的灼热感，而冰凉的腻子粉则大多受潮。

3. 三观察

仔细阅读包装说明，部分产品的包装说明上要求加入建筑胶水或白乳胶，则说明这并不是真正的成品填料。

4. 四添加

有的产品虽然没有提出添加额外材料的要求，但是经销商确建议另购一些辅助材料添加进去，这也说明产品质量不完善。

五、填料一览表（表6-1）

表6-1　　　　　　　　　　　　　填料一览表

名称	图例	性能特点	用途	价格
石膏粉		凝结迅速，具有较好的防火性能，凝结后能保湿、隔热、吸声，具有耐水性与抗冻性	修补石膏板吊顶、隔墙填缝，刮平未批过石灰的水泥墙面等	20kg，50～60元/袋，散装，2～3元/kg
腻子粉		不耐水，操作方便，施工简单	填充施工界面孔隙，矫正施工面的平整度	品牌，20kg，50～60元/袋，其他，5～25kg/袋，15kg，15～30元/袋
原子灰		易刮涂，常温快干；易打磨，附着力强，耐高温	金属、木材表面刮涂	品牌，3～5kg/罐，20～50元/罐

图6-8 酯胶清漆应用

酯胶清漆漆膜光亮，耐水性较好，可用于涂饰家具和门窗，也可以作金属表面罩光。

图6-9 虫胶清漆

虫胶清漆一般呈棕色半透明液体，属于挥发性涂料，漆膜硬，光亮附着力好，但不耐酸碱。

第二节　普通涂料

普通涂料是装修中常用的材料，主要用于各种家具、构造、墙面及顶面等界面涂装，种类繁多，选购时要认清产品的性质。

一、清漆

1. 定义

清漆又称为凡立水，是一种不含着色物质的涂料，也称透明漆，清漆涂在装饰构造表面，干燥后形成光滑薄膜，能充分显露出原有的纹理、色泽。

2. 分类

（1）酯胶清漆。酯胶清漆又称为耐水清漆，耐水性好，但光泽不持久，干燥性差，主要用于木材表面涂装（图6-8）。

（2）虫胶清漆。虫胶清漆又名泡立水、酒精凡立水，虫胶清漆干燥快，可使木纹更清晰，缺点是耐水性、耐候性差，日光暴晒会失去光泽，热水浸烫会泛白，专用于木器表面装饰与保护涂层（图6-9）。

（3）酚醛清漆。酚醛清漆又称永明漆，干燥迅速，漆膜具有耐久、坚韧、光泽度强等优点。漆料在耐热、耐水、耐弱酸碱方面表现突出，但漆膜易泛黄，主要被应用于木器表面涂装，或作为油性色漆的罩光层（图6-10）。

图6-10 酚醛清漆

酚醛清漆漆膜光亮、坚硬、美观且耐久性好，耐水性和耐烫性好，目前使用不多。

图6-11 醇酸清漆

醇酸清漆硬度高，但膜脆，抗大气性较差，可用于木材表面涂装。

图6-12 硝基清漆

硝基清漆属于挥发性油漆，干燥快，但高湿天气易泛白，丰满度低，硬度低。

图6-13 丙烯酸清漆

丙烯酸清漆可以常温干燥，具备良好的防霉性和耐光性，但遇热水易泛白。

图6-14 聚酯清漆

聚酯清漆使用方便，且后期不会引起乳胶漆墙面出现泛黄的现象，手感较细腻。

图6-15 氟碳清漆

氟碳清漆防腐性和防霉性优越，使用持久，柔韧性良好，耐黄变性十分不错。

图6-10	图6-11	图6-12
图6-13	图6-14	图6-15

（4）醇酸清漆。醇酸清漆又称为三宝漆，干燥快，可抛光打磨，色泽光亮，耐热，主要用于室内外金属及醇酸磁漆罩光等（图6-11）。

（5）硝基清漆。硝基清漆又称清喷漆、腊克。硝基清漆的光泽、耐久性良好，主要用于木材及金属表面涂装，也可作硝基漆外用罩光（图6-12）。

（6）丙烯酸清漆。丙烯酸清漆耐候性、耐热性及附着力良好，可用于涂饰各种木质材料表面（图6-13）。

（7）聚酯清漆。聚酯清漆具有快干、漆膜光亮等特点，可用于涂饰木材面，也可作金属面罩光（图6-14）。

（8）氟碳清漆。氟碳清漆具有超耐候性与持久性等优异性能，可用于多种涂层与基材的罩面保护（图6-15）。

3. 应用

清漆主要用于家具、地板、门窗等装修构造的表面涂装，也可以加入颜料制成瓷漆，或加入染料制成有色清漆。

4. 规格和价格

传统清漆价格低廉，常用包装为0.5～10kg/桶，其中2.5kg包装产品价格为55～60元/桶，需要额外购置稀释剂调和使用。现代清漆多用套装产品，1组包装内包括漆2kg、固化剂1kg、稀释剂2kg 3种包装，价格为240～300元/组，每组可涂刷15～25m²。

5. 选购

（1）清漆产品通常采用封闭式包装，消费者难以直观判断其内在质量，建议首先选购小容量包装产品，在墙面的非核心区域进行涂装实验。若涂刷流畅且成膜良好，则为上乘产品。

（2）可提起清漆包装桶并轻轻晃动，若桶内发出显著的液体撞击声，表明漆料含量不足或黏稠度偏低，而高品质的清漆产品在晃动时几乎不产生声响。

二、厚漆

1. 定义

厚漆又称为混油，是采用颜料与干性油混合研磨而成的油漆产品，需要加清油溶剂搅拌后才可使用。

2. 特质

厚漆遮覆力强，可以覆盖木质纹理，经常用于涂刷面漆前的打底，也可以单独用作面层涂刷。这种漆色彩种类单一，主要用于木质家具、构造的表面涂装，能完全遮盖木质纹理，给木质构造重新定义色彩。

3. 分类

（1）醇酸厚漆。传统厚漆为醇酸厚漆，价格低廉，常用包装为0.5～10kg/桶，其中2.5kg包装产品价格为50～60元/桶，需要额外购置稀释剂调和使用。现代厚漆多用套装产品，1组包装内包括漆2kg、固化剂1kg、稀释剂2kg 3种包装，价格为200～300元/组，每组可涂刷15～20m²。

（2）硝基厚漆。硝基厚漆涂膜干燥快，平整光滑，耐候性好，但耐磨性差，优点是装饰效果较好，不氧化发黄，质地细腻、平整，但固含量较低，需要较多的施工次数才能达到较好的效果，适用于室内外金属与木质表面的涂装。硝基厚漆常用包装为0.5～10kg/桶，其中3kg包装产品价格为70～80元/桶，需要额外购置稀释剂调和使用（图6-16、图6-17）。

（3）聚酯厚漆。聚酯厚漆又称聚酯厚漆，该涂料漆膜丰满厚重，色彩丰富，经过两三次喷涂后便能有效遮盖底层材料。因此，在家具制造过程中可直接在密度板上施用聚酯厚漆，对基材的质量要求相对宽松（图6-18）。

（4）氟树脂厚漆。氟树脂厚漆又称氟碳漆或氟涂料，在家具涂装领域表现出卓越性能。家具表面涂覆氟碳厚漆后，具有不吸污、能自洁的效果，表面不易吸附灰尘和污垢，并具有出色的疏水性能（图6-19）。

图6-16 | 图6-17
图6-18 | 图6-19

图6-16 硝基厚漆涂装

硝基厚漆主要用于木器及家具、金属、水泥等界面的涂装。

图6-17 硝基厚漆色板

硝基厚漆色板提供多种颜色，以供选购者挑选。

图6-18 聚酯厚漆

聚酯厚漆综合性能优异，因有固化剂的使用，漆膜的硬度更高，丰富度更高，耐湿热、干热、酸碱油、溶剂及化学药品，并且绝缘性很高。

图6-19 氟碳厚漆

氟碳厚漆具有特别优越的综合性能，其耐候性、耐热性、耐低温性及耐化学药品性等性能均十分优越，而且具有独特的不黏性和低摩擦性。

图6-20 图6-21
图6-22

图6-20 水性木器漆涂装样本

图6-21 水性木器漆涂装界面

图6-22 水性木器漆应用

水性木器漆一般用于不太重要的装饰构造上，如家具的侧部板材，如果用于台面或桌面等部位则十分容易受到磨损，因而不建议如此使用。

三、水性木器漆

1. 定义

水性木器漆是以水作为稀释剂的漆，又称为水溶性漆，具有无毒环保、无气味、可挥发物极少、不燃不爆、高安全性、不黄变以及涂刷面积大等优点（图6-20、图6-21）。

2. 分类

（1）丙烯酸水性漆。丙烯酸水性木器漆的主要特点是附着力好，不会加深木器的颜色，但耐磨及抗化学性较差，漆膜硬度较软，丰满度较差，综合性能一般，施工易产生缺陷，其优点是价格便宜。

（2）聚氨酯水性漆。聚氨酯水性漆具有卓越的综合性能，漆膜丰满坚硬，与色彩搭配方面亦展现出明显优势，堪称水性漆中的高端产品。

（3）丙烯酸树脂与聚氨酯水性漆。丙烯酸树脂与聚氨酯水性漆继承了丙烯酸漆的基本特性，其耐磨与抗化学腐蚀性能得到增强。此类漆膜硬度较高，丰满度优异，综合性能与油性漆相媲美。

3. 应用

水性木器漆主要用于各种木质家具、构造的表面涂装，虽然水性漆具有环保、漆膜效果好等优点，但是单组分水性漆的硬度、耐高温等性能与传统的油性清漆还存在一定差距（图6-22）。

4. 规格和价格

水性木器漆常用包装为0.5～10kg/桶不等，其中2.5kg包装产品价格为200～400元/桶，在施工中可以加清水稀释，但是加水量一般应<20%。

5. 选购

水性清漆基本闻不出气味，或只有非常轻微的气味。如果经销商或包装说明上指出需要专

外观颜色（清漆）
- 乳白色　水性木器漆
- 淡黄色　PU 油漆

稀释剂
- 水　水性木器漆
- 香蕉水　PU 油漆

VOC 含量
- 80g/L　水性木器漆
- 650g/L　PU 油漆

刷涂面积
- 20–24m²/kg　水性木器漆
- 14–16m²/kg　PU 油漆

成膜方式
- 自交联　水性木器漆
- 固化剂　PU 油漆

毒害性
- 无　水性木器漆
- 强烈　PU 油漆

耐黄变性
- 好　水性木器漆
- 最差　普通 PU 漆
- 差　普通 NC 漆

柔韧性
- 最好　水性木器漆
- 最差　普通 PU 漆
- 差　普通 NC 漆

水性木器漆与其他涂料对比

透明度（清漆）
- 水性木器漆　清澈透亮
- 普通 PU 漆　微黄
- 普通 NC 漆　微黄

白漆遮盖力
- 水性木器漆　优
- 普通 PU 漆　优
- 普通 NC 漆　差

手感
- 水性木器漆　爽滑
- 普通 PU 漆　爽滑
- 普通 NC 漆　粗糙

硬度
- 水性木器漆 ＞HB
- 普通 PU 漆　＞1H
- 普通 NC 漆　＞HB

附着力
- 水性木器漆　＜1 级
- 普通 PU 漆　＜1 级
- 普通 NC 漆　＜1 级

耐冲击性
- 水性木器漆　无白点，不断裂
- 普通 PU 漆　白痕、断裂
- 普通 NC 漆　白痕、断裂

打磨性
- 水性木器漆　易打磨
- 普通 PU 漆　打磨性好
- 普通 NC 漆　不易打磨

图6-23 水性木器漆与其他涂料对比

用稀释剂或酒精类物质稀释，那就一定不是正品（图6-23）。

★ 小贴士

水性木器漆发展趋势

随着人们环境保护意识的不断增强，水性木器涂料逐渐成为涂料发展新趋势。但其存在一些亟待解决的问题，如水性木器涂料在干燥过程中对湿度变化极其敏感，但部分儿童家具制造商仍使用传统的油性涂料设备加工，导致生产效率低下，且违背环保理念。为改善现状，制造商应加大在抽湿及烘干设备上的投资，同时开发具有空气净化功能的产品，保证儿童健康。考虑到儿童的好动天性，增强水性木器涂料的防涂鸦特性也是一种可行的策略。在绿色环保成为全球趋势的今天，企业必须顺应潮流，而水性木器涂料企业无疑具有与环境友好相契合的内在优势。预计这类企业将以更快的速度发展，其产品线及品质也将根据市场需求进行相应的调整和优化。

四、调和漆

1. 定义

传统的调和漆是用纯油作为漆料，之后为了改进它的性能，加入了一部分天然树脂或松香酯作为成膜物质，调和漆源于早期油漆工人对油漆的自行调配，一般用作饰面漆（图6-24）。

2. 应用和规格

调和漆主要用于木质家具、构造的面层涂装，有透明、白色、彩色等多种颜色，适用于小面积施工，或快速施工，包装规格为0.5～5kg/罐。在干燥气候环境下施工，需额外购置稀释剂添加使用。

五、乳胶漆

1. 定义

乳胶漆又称为合成树脂乳液涂料，是有机涂料的一种，乳胶漆干燥速度快，耐碱性好，色彩柔和，漆膜坚硬，颜色附着力强（图6-25）。

2. 分类

根据漆膜光泽效果，乳胶漆可被细分为多个种类，包括亚光、丝光、有光及高光等。此外，市场上还存在固底漆与罩面漆等产品类型。

（1）固底漆。固底漆的主要功能在于对墙面进行封固处理。该涂料的漆膜具有耐碱性和防霉性，附着能力极强，能有效避免咬底或龟裂现象，适合墙体基层的处理。

（2）罩面漆。罩面漆涂膜光洁明亮，抗老化性、抗污染性优越，适用于内外墙涂装。使用罩面漆后，墙体表面易于清洗，污点可轻松去除，适合高湿度环境。

3. 规格和价格

乳胶漆常用包装为3～18kg/桶，其中18kg包装产品价格为150～400元/桶，知名品牌产品还有配套组合套装产品，即配置固底漆与罩面漆，价格为800～1200元/套。乳胶漆的用量一般为12～18m²/L，涂装2遍。

4. 选购

（1）摇晃。将桶提起来摇晃，优质乳胶漆晃动一般听不到声音，容易晃动出声音则证明乳胶漆黏稠度不高。

（2）观察。可以先购买1桶小包装产品，打开包装后观察乳胶漆，优质产品比较黏稠，且细腻润滑。

（3）仔细闻乳胶漆。优质产品有淡淡的清香，而伪劣产品具有泥土味，甚至带有刺鼻气味，或无任何气味。

（4）用手触摸乳胶漆。优质产品比较黏稠，呈乳白色液体，无硬块，搅拌后呈均匀状态（图6-26、图6-27）。

图6-24 | 图6-25

图6-24 调和漆

调和漆在生产过程中已经经过调和处理，相对于不能开桶即用的混油而言，它不需要现场调配，可直接用于装修施工的涂装。

图6-25 乳胶漆

乳胶漆具有一定的装饰性和保护性，易于涂刷，漆膜耐水性比较好，耐擦洗性好。

图6-26 挑起乳胶漆

可以用木棍挑起乳胶漆，优质漆液会自然垂落，且能形成均匀的扇面，不会断续或滴落。

图6-27 拿捏黏稠度

取少量漆液，如果漆液能在手指上均匀涂开，能在2分钟内干燥结膜，且结膜有一定的延展性，则该乳胶漆为优质品。

图6-26 | 图6-27

★ **小贴士**

乳胶漆调色注意事项

（1）样色研究。在进行电脑或人工调色之前，必须对样色进行深入研究，明确所需的色浆类型、比例及使用量。在种类及比例难以确定的情况下，可先取少量乳胶漆进行试配，以确定最终的色浆组合及比例，进而开展正式的调色工作。

（2）基于色系调色。在调配特定颜色的乳胶漆时，可选择与其同色系的乳胶漆作为基础色，即所谓的色头。例如，在调配紫红色乳胶漆时，可以选择带有红色色头的蓝色色浆，或带有蓝色色头的红色色浆作为基础色，以避免降低颜色的明度。

（3）控制色浆的使用量。在调制目标色时，应尽量减少使用色浆的种类。若仅需两种色浆即可实现目标色，则无需采用其他需要更多色浆的调色方法。这是因为过多的色浆种类及数量容易导致目标色明度降低，颜色显得过于灰暗，进而影响整体的美观度。因此，在确保目标色的前提下，应使用尽可能少的色浆种类调色。

第三节　装饰涂料

装饰涂料是除普通涂料以外的小品种产品，常用于具有特色设计风格的环境空间，涂装面积不大，但是能顺应设计风格，给装修带来不同的设计韵味。

一、仿瓷涂料

1. 定义

仿瓷涂料又称为瓷釉涂料，是一种装饰效果类似瓷釉饰面的装饰涂料（图6-28）。

2. 分类

由于主要成膜物的不同，仿瓷涂料可分为溶剂型与水溶型两种。

（1）溶剂型仿瓷涂料。主要成膜物是溶剂型树脂，加入颜料、溶剂、助剂而配制成具有多种颜色且带有瓷釉光泽的涂料。

（2）水溶型仿瓷涂料。主要成膜物为水溶性聚乙烯醇，加入增稠剂、保湿助剂、细填料、增硬剂等制成。

3. 特质

仿瓷涂料具有较高的硬度和致密性，与底层材料的黏接较好。形成的涂层不易出现鼓包或气泡等缺陷，若在涂层表面施加适当罩光剂，其耐污能力以及综合性能均能显著提升。但该产品在施工过程上较为繁琐，因此在应用上受到一定限制（图6-29）。

4．规格和价格

仿瓷涂料常用包装为5～25kg/桶，其中15kg包装的产品价格为60～80元/桶。

二、发光涂料

1．定义

发光涂料又称为夜光涂料，是能发射荧光特性的涂料，能起到夜间指示作用，主要原料为成膜物质、填充剂、荧光颜料等（图6-30）。

2．特质和应用

发光涂料具有耐候性、耐光性、耐温性、耐化学稳定性、耐久性、附着力强等优良物化性能。可用于各种基材表面涂装（图6-31）。

3．分类

发光涂料一般分为蓄发光型与自发光型两种。

（1）蓄发光型涂料。由成膜物质、填充剂、荧光颜料等组成，当荧光颜料（硫化锌）的分子受光照射后被激发并释放能量，夜间或白昼都能发光，明显可见。

（2）自发光型涂料。加有少量放射性元素，当荧光颜料的蓄光消失后，因放射物质放出射线，涂料会继续发光，这类涂料对人体有害。

4．规格和价格

发光涂料常用包装为0.1～1kg/罐，其中1kg包装的产品价格为80～120元/罐。

图6-28 仿瓷涂料

仿瓷涂料主要用于室内墙面施工，涂膜较厚，不耐水，安全性能较差。

图6-29 仿瓷涂料效果

仿瓷涂料饰面外观较类似瓷釉，用手触摸有平滑感，多以白色涂料为主。

图6-30 发光涂料

发光涂料依据发光亮度可以分为高、中、低3种，发光颜色为黄绿、蓝绿、鲜红、橙红、黄、蓝、绿及紫色等。

图6-31 发光涂料应用

发光涂料常用于KTV、酒吧及走道等采光较弱的娱乐空间，装饰效果非常不错。

图6-28 | 图6-29
图6-30 | 图6-31

三、绒面涂料

1. 定义

绒面涂料又称为仿绒涂料，根据实际经济水平与设计要求不同而选用不同配方的产品，绒面涂料具有耐水洗、耐酸碱、施工方便、装饰效果好等特点（图6-32）。

2. 规格、价格和应用

绒面涂料可广泛应用于室内墙面、顶面、家具表面的涂装，能用于木材、混凝土、石膏板、石材、墙纸、灰泥墙壁等不同材质表面施工。绒面涂料常用包装为1～2.5kg/桶，其中1kg包装的产品价格为60～100元/桶，可涂装3～4m²（图6-33）。

四、肌理涂料

1. 定义

肌理涂料又称马来漆、艺术涂料。肌理即物体表面所呈现的纹理结构与组织形态，不仅展现出物象的质感，还对物品形态的塑造起到显著作用，其装饰性效果来源于油画肌理（图6-34）。

2. 特质

肌理涂料所营造的视觉肌理与触觉肌理具有独特效果，可用于模仿各类物体的表面特征，如布料、皮革、纤维、陶瓷砖面、木材纹理以及金属的质感与纹理（图6-35）。

3. 规格和价格

肌理涂料常用包装规格为5～20kg/桶，其中5kg产品包装价格为100～150元/桶，可涂装20～25m²，高档产品成组包装，附带有光泽剂、压花滚筒、模板等工具。

图6-32 绒面涂料

绒面涂料污染小，成本低，一般采用塑料、木质或镀锌铁皮桶包装。

图6-33 仿瓷涂料效果

绒面涂料涂装之后能给人一种柔和、滑润、华贵、优雅的感觉。

图6-34 肌理涂料

肌理涂料主要用于中西餐厅、专卖店、酒吧、舞厅等商业娱乐空间。

图6-35 肌理涂料效果

肌理涂料能表现出各种纵横交错、高低不平、粗糙平滑的纹理变化。

图6-32	图6-33
图6-34	图6-35

图6-36 | 图6-37 | 图6-38
图6-39

图6-36 裂纹漆

裂纹漆可用于家具、构造局部涂装，或用于各种背景墙局部涂装。

图6-37 裂纹漆效果

裂纹漆涂装后能产生特别的装饰效果，增强室内艺术氛围感。

图6-38 硅藻涂料

硅藻涂料色彩柔和，可以起到净化空气、调节室内湿度以及防火阻燃的作用。

图6-39 硅藻涂料效果

硅藻涂料涂装后具有良好的装饰效果，美观性和色彩度都比较好。

五、裂纹漆

1. 定义

裂纹漆是由硝化棉、颜料、体质颜料、有机溶剂、辅助剂等研磨调制而成的可形成各种颜色的油漆产品，它是在硝基漆的基础上发展而来的新产品，又称为硝基裂纹漆（图6-36）。

2. 特质

裂纹漆具有硝基漆的基本属性，是一种挥发性自干油漆，其特点在于无需添加固化剂即可迅速干燥。漆料喷涂后，生成拉伸强度较高的漆膜，产生细致且均匀的裂纹纹理，强化了涂层表面的装饰效果（图6-37）。

3. 规格和价格

裂纹漆包装规格为5kg/组，其中包括底漆、裂纹面漆等组合产品，价格为200～300元/组，另有底漆与裂纹面漆分开包装的产品单独销售。

六、硅藻涂料

1. 定义

硅藻是一种水生的单细胞浮游生物，生活在数百万年前，沉积在水底后历经亿万年的累积与地质演变，逐渐形成硅藻泥。硅藻涂料就是采用硅藻泥为核心原料，融合多种辅助材料后加工成粉末状的装饰涂料（图6-38）。

2. 应用和施工

硅藻涂料主要用于住宅、酒店客房的墙面涂装，硅藻涂料为粉末装饰涂料，在施工中加水调和使用（图6-39）。

3. 规格和价格

硅藻涂料主要有桶装与袋装两种包装，桶装规格为5～18kg/桶，5kg包装的产品价格为100～150元/桶。袋装价格较低，袋装规格一般为20kg/袋，价格为200～300元/袋，用量约为1kg/m²。

4. 选购

（1）应注意优质硅藻涂料粉末不吸水，用手拿捏为特别干燥的感觉。

（2）可以在干燥的600ml纯净水塑料瓶内放置约50%容量的硅藻涂料粉末，将香烟烟雾吹入其中而后封闭瓶盖，不断摇晃瓶身，约10分钟后打开瓶盖仔细闻一下，优质产品应该基本没有烟味。

七、真石漆

1. 定义

真石漆又称为石质漆，主要由高分子聚合物、天然彩色砂石及相关助剂制成，干结固化后坚硬如石，看起来像天然花岗岩、大理石一样（图6-40）。

2. 组成

真石漆涂层主要由封底漆、骨料、罩面漆3部分组成（图6-41）。

（1）封底漆。封底漆在溶剂或水分蒸发后，其所含聚合物与填料成分能够渗透至基层孔隙内层，实现基层空隙的封闭。涂刷封底漆有助于防止基层因水分迁移所导致的泛碱、发花等问题，而且显著提升了真石漆主层与基层之间的粘结强度，避免涂层的剥落或松脱。

（2）骨料。骨料是天然石材经过粉碎、清洗、筛选等多道工序加工而成，具有很好的耐候性，相互搭配可调整颜色深浅，使涂层的色调富有层次感。

（3）罩面漆。罩面漆主要是为了增强真石漆涂层的防水性、耐污性、耐紫外线照射等性能，也便于日后清洗。

3. 规格和价格

真石漆主要用于室内外各种界面涂装，真石漆常见桶装规格为5～18kg/桶，其中25kg包装的产品价格为100～150元/桶，可涂装15～20m²。

4. 选购

质量较好的真石漆打开桶盖后没有刺鼻气味，上部呈液态，下部为石料，搅拌后能均匀分布，不会快速沉淀，黏稠度较好。喷涂到墙面，完全干燥后不会脱落，吸附性能好（图6-42、图6-43）。

图6-40 真石漆

图6-41 真石漆效果

图6-42 真石漆样本

图6-43 真石漆涂装

图6-40	图6-41
图6-42	图6-43

八、装饰涂料一览表（表6-2）

表6-2　　　　　　　　　　　装饰涂料一览表

名称	图例	性能特点	用途	价格
仿瓷涂料		涂膜具有较高的密度与硬度，对基层的附着性较好，但膜层较厚且不耐水，安全性低	室内墙面铺装	5～25kg/桶，15kg，60～80元/桶
发光涂料		耐候性、耐光性、耐温性、耐化学稳定性、耐久性均十分优越，附着力强	基材表面涂装	0.1～1kg/罐，1kg，80～120元/罐
绒面涂料		耐水洗、耐酸碱，施工方便，装饰效果好	室内家具、墙面、顶面的涂装，以及木材、灰泥墙壁等表面涂装	1～2.5kg/桶，1kg，60～100元/桶
肌理涂料		装饰效果逼真，艺术感强	室内墙面涂装	5～20kg/桶，5kg，100～150元/桶
裂纹漆		干燥速度快，表面美观，装饰性强	家具、构造局部涂装，背景墙局部涂装	5kg/组，200～300元/组
硅藻涂料		环保度高，装饰效果好，净化空气，调节室内湿度，防火、阻燃	住宅、酒店客房的墙面涂装	5～18kg/桶，5kg，100～150元/桶；20kg/袋，200～300元/袋
真石漆		耐候、防水、抗污染性较强，能经受紫外线照射，质感和色彩层次感较强	界面涂装	5～18kg/桶，25kg，100～150元/桶

第四节 特殊涂料

特种涂料是用于特殊场合，满足特殊功能的涂料，主要对涂装界面起到保护、封闭的作用。

一、防水涂料

1. 定义

防水涂料是指涂刷在装修构造或建筑表面，经化学反应形成一层薄膜，使被涂装表面与水隔绝，从而起到防水、密封的作用，其涂刷的黏稠液体统称为防水涂料（图6-44）。

2. 分类

（1）堵漏王。堵漏王是指一种高性能的集无机、无碱、防水、防潮、抗裂、抗渗、堵漏于一体的最新高科技产品，能够迅速凝固且密度和强度都极高，适用于防水、带水带压、立刻止漏等工程（图6-45、图6-46）。

（2）聚氨酯防水涂料。聚氨酯防水涂料是多种材料经混合等工序加工制成的单组分聚氨酯防水涂料（图6-47、图6-48）。

1）特质。聚氨酯防水涂料是一种反应固化型涂料，具有高强度、较大的延伸率以及卓越的耐水性能，对基层形变的适应性亦极为出色。在与空气中的湿气接触后，涂料能够迅速固化，进而在基层表面形成一层无缝且坚韧的整体防水层。

2）单组分聚氨酯防水涂料具备卓越的机械性能，如高强度、高延伸率和高固体含量，黏结能力强。该材料能够有效应对基层裂缝所导致的渗漏问题，施工便捷，适用于常温环境，且不含有毒有害物质。该材料克服了双组分涂料在计量与搅拌方面的不足，确保了产品质量的稳定性和工程防水的有效性。

（3）JS防水涂料。JS防水涂料是指聚合物水泥防水涂料，又称JS复合防水涂料，JS防水涂料是一种以聚丙烯酸酯乳液、乙烯-醋酸、乙烯酯共聚乳液等聚合物乳液和水泥、石英砂、轻重质碳酸钙等无机填料及各种添加剂所组成的无机粉料，通过合理配比、复合制成的一种双组分、水性建筑防水涂料（图6-49）。

1）特质。JS防水涂料为绿色环保材料，它不污染环境，性能稳定，耐老化性优良，防水寿命长；使用安全，施工方便，操作简单，可在无明水的潮湿基面直接施工；黏结力强，适用

图6-44 | 图6-45 | 图6-46
图6-47 | 图6-48 | 图6-49

图6-44 防水涂料

防水涂料经固化后形成的防水薄膜具有一定的延伸性、弹塑性、抗裂性、抗渗性及耐候性，能起到防水、防渗、保护作用。

图6-45 堵漏王

堵漏王对于厨卫间、地下室、屋面等非伸缩性混凝土或砂浆结构处以及各种穿墙管，套管周边缺陷，阴角位修补有非常卓越的效果，还可对阴角的圆弧处和管道周边的防水进行加强处理。

图6-46 堵漏王施工

堵漏王能在搅拌后一分钟开始凝固，三至四分钟终凝，操作简单，只要加水调和即可使用，无毒、无害、无污染。

图6-47 聚氨酯防水涂料

聚氨酯防水涂料是一种液态施工的单组分环保型防水涂料，以进口聚氨酯预聚体为基本成分，无焦油和沥青等添加剂。

图6-48 单组分聚氨酯防水涂料

单组分聚氨酯防水涂料是以异氰酸酯、聚醚为主要原料，配以各种助剂制成的反应型柔性防水涂料，具有良好的物理性能，黏结力强，常温湿固化。

图6-49 JS防水涂料

JS防水涂料适用于厕浴间、厨房防水，有饰面材料的外墙、斜屋面的防水以及防潮工程的防水等。

图6-50 JS-Ⅰ型防水涂料

JS-Ⅰ型防水涂料是水性涂料，无毒、无害、无污染，是环保型涂料，主要用于变形较大的部位如屋面、地下室等区域，可直接在混凝土表面施工并黏接牢固。一般是冷施工，操作方便，基层含水率不受限制，但基层表面不可有积水，凝结时间短，施工2小时后方可进行下一道施工工序。

图6-51 JS-Ⅱ型防水涂料

JS-Ⅱ型防水涂料采用了先进工艺聚合而成的高分子多元共聚物，适用于卫生间、浴室、厨房、楼台面、阳台、水池及墙面、木地板防潮及屋面（非暴露）等区域，并且特别适用于大型防水工程。

图6-52 防水胶

防水胶属于渗透加成膜防水材料，具有非常好的抗裂防漏的效果，适用于屋顶、平台、露台、天沟、下水管周边等开裂渗漏水处。

图6-53 黑金刚

黑金刚适用于地下室、卫生间、厨房、水池、楼顶防水及车库、高铁、隧道等处，迎水面和背水面均可，是性价比极高的一种防水涂料。

图6-50	图6-51
图6-52	图6-53

于大多数材料；材料弹性好，延伸率可达200%；抗裂性、抗冻性和低温柔性优良；施工性好，不起泡，成膜效果好，固化快；施工简单，刷涂、滚涂、刮抹施工均可。

2）应用、施工。JS防水涂料需要在湿面施工，加入颜料可做成彩色装饰层，无毒、无味，可用于食用水池的防水。

3）分类。JS防水涂料还可分为Ⅰ型和Ⅱ型两种，用法有所不同（图6-50、图6-51）。

（4）防水剂。防水剂是一种化学外加剂，加在水泥中，当水泥凝结硬化时，随之体积膨胀，起到补偿收缩和张拉钢筋产生预应力以及充分填充水泥间隙的作用。

1）应用。防水剂用于地下室、卫生间、蓄水池、净化池、隧道、屋顶、屋面、地面、墙壁等防水工程，防水剂需与以上3种防水涂料结合起来使用。

2）防水胶。防水胶是一种便于涂刷、黏结力强、成膜后韧性强、低温不硬碎、高温不氧化分解的液体，用于涂刷在混凝土、沥青、油膏、卷材、砖块、石材、灰浆等表面及裂缝处（图6-52）。

3）黑金刚。黑金刚是一种无机物渗透结晶的高端新型材料，保质期长，与建筑物同寿命；施工简单、价格低廉；适用范围极大（图6-53）。

★ 小贴士

防水工程注意事项

（1）楼面防水材料的选择由不同的施工区域所决定。相较柔性防水材料，刚性防水材料价格较低，且具备施工简便，安全性高，但在防水效果方面略逊于柔性材料。因此，室外区域往往直接选用刚性防水材料，其他部位则采用刚柔结合的策略，以实现成本控制和效果提升的双重目标。

（2）涂抹材料前要先做好清洁工作，即便楼面仅存有轻微的浮尘和散石，若未得到及时清除，也可能导致后续涂抹层出现鼓包或剥落现象，削弱防水层效能。因此，在涂抹防水材料之前，确保基层彻底干燥后才能进行二次涂抹。涂抹方法的选择应基于材料特性，遵循相应的使用指南或咨询专业人士的意见，切勿随意操作，以免影响最终的防水效果。

（3）防水实验是楼面防水作业的最后一环。进行该步骤的目的是发现可能存在的问题并及时补救，防水施工完成后，业主需封闭下水口和门缝，确保环境安全，然后在室内至规定高度并维持一定时间。若积水高度保持不变，即可认为防水层通过测试，满足使用要求。

二、防火涂料

1. 定义

防火涂料由基料（成膜物质）、颜料、普通涂料助剂、防火助剂、分散介质等原料组成，是用来提高耐火极限的特种涂料（图6-54、图6-55）。

2. 分类

防火涂料按照涂料的性能可以分为非膨胀型防火涂料与膨胀型防火涂料两大类。

（1）非膨胀型防火涂料。非膨胀型防火涂料的防火隔热原理是防火涂料受火时涂层基本上不发生体积变化，但涂层热导率很低，延滞了热量传向被保基材的速度，防火涂料的涂层本身是不燃的，对钢构件起屏障和防止热辐射作用，避免了火焰和高温直接进攻钢构件。

1）防火原理。涂料中的有些组分遇火相互反应生成不可燃气体的过程就是吸热反应，也消耗了大量的热，有利于降低体系温度，故防火效果显著，对钢材起到高效的防火隔热保护。

2）应用。非膨胀型防火涂料主要用于木材、纤维板等板材的防火，用在木结构屋架、顶棚、门窗等表面。

（2）膨胀型防火涂料。膨胀型防火涂料在受火时涂层不会发生体积变化，表层会形成釉状保护层，它能起隔绝氧气的作用，使氧气不能与被保护的易燃基材接触，从而避免或降低燃烧反应。

1）应用。膨胀型防火涂料主要用于保护电缆、聚乙烯管道、绝缘板，可用于建筑物、电力、电缆的防火。

2）规格和价格。防火涂料常见包装规格为5～20kg/桶，其中20kg包装的产品价格为200～300元/桶，其用量为1m²/kg。

图6-54 防火涂料

防火涂料主要用于可燃性装饰材料、构造表面。

图6-55 防火涂料涂装

涂装防火涂料能降低被涂界面的可燃性，阻滞火灾的迅速蔓延。

图6-54 | 图6-55

3. 施工方法

防火涂料的施工流程简便易行。施工温度需维持在5℃以上，施工前，需清除基材表面的尘埃与油渍，确保涂料在使用之前能得到充分、均匀的搅拌。若涂料过浓，可添加适量清水以降低其黏度，可选择刷涂或滚涂的施工方式，涂覆3~4遍便能达到预期效果。对木质龙骨及板材进行涂装时，建议在构造安装前涂覆2层，安装之后追加1~2遍涂装。

三、防霉涂料

1. 定义

防霉涂料是含有生物毒性药物，能抑制霉菌生长的一种防护涂料，一般由防霉剂、颜色填料及各种添加剂组成（图6-56）。

2. 特质

防霉涂料具有较强的杀菌防霉作用，而且具有较强的防水性，涂覆表面后，无论潮湿还是干燥，涂膜都不会发生脱落现象。

3. 分类

防霉涂料主要用于通风、采光不佳的卫生间、厨房、地下室等空间的潮湿界面涂装，用于木质材料、水泥墙壁等各种界面的防霉；还可应用于适宜霉菌滋长的环境中，能较长时间保持涂膜表面不长霉，具备耐水、耐候性能。

4. 规格和价格

防霉涂料常见包装规格为5~20L/桶，其中20L包装的产品价格为200~300元/桶，其用量和施工方法与普通乳胶漆一致，只是注意应在干燥的环境下施工。

四、防锈涂料

1. 定义

防锈涂料是指保护金属表面免受大气、水等物质腐蚀的涂料（图6-57、图6-58）。

2. 特质

防锈涂料主要用于金属材料的底层涂装，如各种型钢、隔墙、楼板等构件，涂装后表面可再作其他装饰。

3. 规格和价格

（1）传统防锈涂料。传统防锈涂料为醇酸漆，价格低廉，常用包装为0.5~10kg/桶，其中3kg包装产品价格为50~60元/桶，需要额外购置稀释剂调和使用。

图6-56 | 图6-57 | 图6-58

图6-56 防霉涂料

防霉涂料中的防霉剂是防霉涂料防霉的关键，防霉剂对霉菌、细菌、酵母菌等微生物有广泛、持久、高效的杀菌与抑制能力。

图6-57 防锈涂料

防锈涂料可以分为油性金属防锈漆、水性金属防锈漆及防锈颜料，具有水溶性和不可燃性，对环境无污染，使用较安全。

图6-58 防锈涂料涂刷

在金属表面涂上防锈涂料能够有效避免大气中各种腐蚀性物质的直接入侵，从而最大化地延长金属使用期限。

图6-59 地坪涂料

使用率较高的是环氧树脂地坪涂料，主要用于装修前的地面涂装，涂装后可在表面作各种施工，如铺装地砖、铺设地板等。

图6-60 地坪涂料涂装

地坪涂料涂装前基面要求平整、清洁、干燥、牢固，新做水泥地面或者新近用水泥修补的地面至少要养护30天左右，对于可能反潮的地面和不同的场合，应预先作断水和防水处理。

图6-59 | 图6-60

（2）现代防锈涂料。现代防锈涂料多用套装产品，1组包装内包括漆2kg、固化剂1kg、稀释剂2kg 3种包装，价格为200～300元/组，每组可涂刷12～20m²。防锈涂料的选购、施工方法与厚漆基本一致。

五、地坪涂料

1. 定义

地坪涂料的主要成膜物质为油脂或树脂，次要成膜物质为各种颜料、挥发性溶剂，具有较好的耐碱性、耐水性、耐候性，能常温成膜（图6-59）。

2. 应用、特质

地坪涂料是适用于混凝土、水泥砂浆地面涂装的特殊涂料，主要起到保护地面坚固、耐久，防止地面粉化的作用，具有一定的防潮、防水、隔声功能（图6-60）。

3. 规格和价格

地坪涂料常用包装为5～20kg/桶，使用时还需另购5kg包装的固化剂调和使用，其中20kg＋5kg包装产品价格为500～600元/套，可涂刷80～100m²的地面。

★ 小贴士

地坪涂料施工现场要求

（1）结构混凝土应具有C20以上的抗压强度，表面不得出现起砂现象。完成浇筑后，应养护至少8天，表面平整度在2m以内的偏差不得超过3mm。

（2）混凝土地坪的含水率应低于8%，空气湿度应小于80%。施工温度宜控制在20～25℃之间，低于5℃时应推迟施工。

（3）在建筑厂房的首层混凝土结构层下，应采取防潮措施，以避免环氧地坪受水气的影响，防止起泡和脱层现象。

（4）施工区域须严格密闭并禁止非相关人员进入，其空气洁净度应符合标准，禁止交叉施工。

（5）施工材料应储存在阴凉密闭的地方，摆放区域应有明确的标识，严禁在其附近进行明火操作。材料存放区域应配备完善的灭火安全设施，由专人保管，并由安全监督员来监督工地现场安全。

第五节　油漆涂料施工

一、填料施工

填料的施工比较简单，一般打开填料包装后，直接加水进行调和即可使用。

1. 施工方法

首先，准备用于调和、搅拌填料的容器，打开包装后将填料倒入容器内。然后，按使用说明加入适量的水与添加剂。接着，搅拌均匀，并盖上容器放置10~20分钟。最后，再次搅拌即可直接涂刮在施工界面上（图6-61）。

2. 施工要点

（1）石膏粉。石膏粉直接加入适量的水拌制成的石膏浆也可以作为油漆的底层，能直接涂刷乳胶漆或铺装壁纸。

（2）腻子粉。腻子粉施工基层应坚实、干净、基本平整、无明水，基层强度应大于或接近腻子的强度。一般产品按腻子粉∶水＝1∶0.5的比例搅拌均匀，静置15分钟再次搅拌均匀即可使用。腻子干后要用240号砂纸进行打磨，尽快涂刷涂料或粘贴壁纸，不同品牌的腻子粉不宜在同一施工界面上使用，以免引起化学反应或色差（图6-62、图6-63）。

（3）原子灰。原子灰施工时的注意事项，从基层表面清理到刮涂时间及刮涂用量等都需多加注意。

1）基层清理。被涂刮的表面必须清除油污、锈蚀、旧漆膜、水渍，需确认其干透并经过打磨平整才能进行施工。

2）用量调配。将原子灰与固化剂的比例按100∶1.5~3（重量计）调配均匀，与涂装界面的色泽应一致，并在凝胶时间内用完，一般原子灰的凝胶时间为10分钟，气温越低固化剂用量越多。

3）刮涂注意事项。在打磨后的家具或建筑表面涂刮经过调配的原子灰材料。若需较厚涂层，可通过多次薄涂来达到。涂刮时应注意任何可能渗入的气泡，并使用刮刀技术彻底刮平，以确保其附着力。涂抹原子灰后的0.5~1小时内为最佳的水磨处理时间，2~3为最佳的干磨处理时间。涂装油漆应在原子灰完全干燥后进行。

4）后期处理。完成原子灰的刮涂和打磨后必须清洁表面，去除灰尘以进行后续的油漆或涂料施工。使用过的原子灰材料不得重新装入原包装容器，应密封保存以防其性能受到影响。

二、常规油漆涂料施工

常规油漆涂料的施工方法比较接近，但仍然要根据产品的包装说明来执行。

图6-61 ｜ 图6-62 ｜ 图6-63

图6-61 墙面填料涂刮示意图

墙面填料涂刮示意图很明确地呈现了填料涂刮的顺序和用量，施工时可以以此作为参考。

图6-62 腻子粉满刮墙面

腻子粉满刮墙面时，对于吸水性强的基层应先用清水润湿或喷刷建筑胶水进行封底处理，黏稠度以适合施工为宜，新抹灰的水泥墙应在养护期后再刮腻子。

图6-63 腻子粉批刮边角

可用钢刮板或抹刀按常规批刮，刮涂次数不可过多，通常批刮两次，第2次刮涂在上层干透情况下方可施工。批刮厚度1~1.5mm，平均用量1~1.5kg/m²，一般2遍即可。

墙体基层
15~20mm厚1∶2.5水泥砂浆
1~1.5mm厚腻子粉

1. 施工方法

首先，清理材料表面的灰尘与污物；然后，用0号砂纸将涂刷表面磨光，涂刷保护底漆，一般底漆也是面漆；接着，待干透后用经过调配的填料将钉眼、树疤等凸凹面掩饰掉，以求界面颜色统一，干透后用360号砂纸磨光，整体涂刷一遍油漆涂料。再次打磨后继续涂刷油漆涂料，涂刷遍数与具体工艺根据不同品种制定，直至达到施工要求；最后，待干后用干净的抹布将表面粉尘擦除即可。

2. 施工要点

（1）清漆。清漆一般涂刷在木质家具、构造表面，共需要4～6遍才会有较为平整、优质的效果，但一般应不大于8遍，只是清漆底层涂刷应在乳胶漆施工之前进行（图6-64）。

（2）厚漆。厚漆的施工方式多为刷涂，但这种方式往往会在漆膜上留下刷痕，因此出现了喷漆和刷漆等施工工艺，对基层板材的要求不高，在纤维板表面涂装也能获得良好效果。擦漆是一种高级工艺，实施时要先使用脱脂棉包裹纱布，蘸取稀释后的厚漆在木器表面进行缓慢的涂擦。为达到最佳效果，通常需要涂擦3遍（图6-65～图6-77）。

★ 小贴士

油漆施工对环境要求很高

（1）必须保持干燥。潮湿的环境对油漆的干燥不利。若在基层填料未充分干燥时进行刷

图6-64 常规油漆涂料涂装结构示意图

此图很清楚地展现了涂料施工的工序和所需材料，在施工时可作为参考，必要时可做些许改变。

- 基层腻子
- 0号砂纸打磨
- 1遍油漆涂料
- 360号砂纸打磨
- 2遍油漆涂料
- 360号砂纸打磨
- N遍油漆涂料

图6-65 清扫表面灰尘

图6-66 用刀刮去转角的木质毛刺纤维

图6-67 调配修补腻子灰膏的色彩

图6-68 用腻子灰膏填补钉头凹坑处

图6-69 刷漆前用砂纸打磨涂饰表面

图6-70 边刷边调配稀释剂

图6-71 刷漆时顺应木质纹理操作

图6-72 侧面应换用小型板刷

图6-73 混油涂刷根据结构或顺应木纹

图6-74 打开包装检查油漆密封状况

图6-75 使用灰膏腻子修补钉头凹陷处

图6-76 干燥后根据质量与厚度来打磨

图6-77 涂刷后注意清洁

漆，将会大大增加油漆表面起皮的风险，因此应避免在潮湿天气进行施工。

（2）必须保持干净。施工现场必须严格控尘，在施工期间应对地面进行吸尘和清扫工作。对于高层建筑，应紧闭门窗，防止外部灰尘粘落油漆，导致油漆表面失去光泽，出现凸凹感。

（3）硝基漆。硝基漆使用前应将漆搅匀并过滤，如有漆粒或杂质，必须进行过滤清除，可以加入稀释剂降低硝基漆的黏稠度，以喷涂为主。如果施工空气湿度大，漆膜易出现发白现象，应加入硝基防潮剂调整硝基漆的黏稠度，施工时间以10分钟左右为宜，用量为8~10m²/kg，一般应涂装6~8遍（图6-78~图6-83）。

（4）水性木器漆。水性木器漆的施工温度为10~30℃，相对湿度为50%~80%，过高或过低的温度、湿度都会导致涂装效果不良（图6-84）。

1）施工环境。水性木器漆与待涂面的温度应一致，不能在冷木材上涂漆，水性漆可在阳光下施工与干燥，但是要避免在热表面上涂漆。

图6-78 用旧报纸封闭不需要涂刷部分

图6-79 调配硝基漆后静置10分钟

图6-80 匀速喷涂硝基漆

图6-81 干燥后用灰膏腻子修补钉头

图6-82 硝基漆干燥后要用砂纸打磨

图6-83 硝基漆干后放在通风位置

图6-84 水性木器漆涂刷

水性木器漆一般涂装3~4遍即可达到良好的效果，要求高丰满度时涂装道数还应增加，每遍之间不仅要进行打磨，还应适当延长干燥时间，达4小时以上为佳。

2）垂直面涂装。在垂直面上涂装时，应加5%~20%的清水稀释后喷涂或刷涂，应薄层多道施工，以免流挂。

3）后期处理。水性木器漆施工后通常干燥7天才能达到最终强度。

（5）乳胶漆。乳胶漆涂装基础界面颜色应一致，不允许有透地、漏刷、掉粉、皮碱、起皮、咬色等缺陷，一般涂刷两遍，乳胶漆的施工方法主要有刷涂、滚涂、喷涂（图6-85~图6-93）。

1）刷涂。刷涂主要采用羊毛刷施工，优点是刷痕均匀，缺点是容易掉毛，而且效率低下。

2）滚涂。滚涂比较节省材料，但是对边角地区的涂刷不到位，容易产生滚痕，影响美观。

3）喷涂。喷涂分为有气喷涂和无气喷涂，一般依靠喷涂机施工，能够在短时间内完成大面积施工，得到光滑均匀的漆膜，但也存在雾化严重等缺陷，导致乳胶漆的浪费。使用喷枪喷涂时，应注意喷点的疏密一致，避免出现连皮或者流坠现象。施工完成后，漆膜应光滑、不掉粉，门窗、灯具及家具部位不能留有涂料痕迹。

（6）硅藻涂料。涂装基层清洁后应对基层涂刷2遍腻子，施工过程中避免强风直吹及阳光直接曝晒，以自然干燥为宜（图6-94~图6-96）。

图6-85 施工前用防裂带粘贴各板材接缝

图6-86 用成品腻子粉刮墙

图6-87 刮墙时力度要均匀

图6-88 满刮腻子后等待完全干燥

图6-89 砂纸打磨时需用高强度灯光照明

图6-90 施工前分桶调色

图6-91 涂刷至隐蔽墙角待干后观察颜色

图6-92 涂刷时力度要均衡

图6-93 顶面施工时将滚筒摩擦一遍后施工

图6-94 硅藻涂料搅拌

图6-95 搅拌完成的硅藻泥

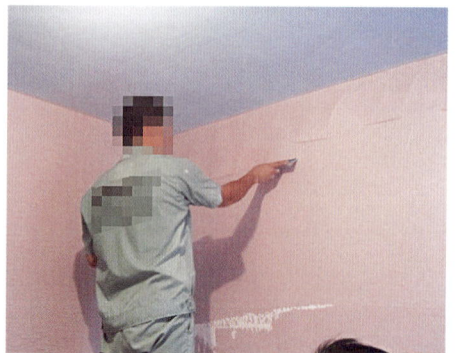

图6-96 硅藻泥涂刷

1）搅拌。配置硅藻涂料干粉，加水浸泡5分钟后，使用电动搅拌器进行约10分钟的搅拌，同时可添加约10%清水调整稠度，使硅藻涂料转变为泥性状态，搅拌均匀后方可进行后续施工。

2）滚涂工序。滚涂搅拌好的硅藻涂料2遍，第1遍厚度为1mm左右，完成后待干，约1小时左右，以表面不粘手为宜，滚涂第2遍，厚度为1.5mm，总厚度为2～3mm。

3）后期处理。干燥后采用刮板、滚筒、模板等工具制作肌理图案，这要根据实际环境与干燥情况来掌握施工时间，最后用收光抹子沿图案纹路压实收光，也可以根据需要涂刷1层固化漆。

（7）真石漆。真石漆一般采用喷涂工艺施工，施工时温度应不低于10℃。

1）喷涂工序。喷涂2遍，每遍间隔2小时，厚度约0.5mm，常温干燥12小时。喷涂真石漆应采用专用喷枪，喷涂厚度为2～3mm，如需涂抹2～3遍，则间隔2小时，干燥24小时后可打磨（图6-97、图6-98）。

2）打磨。打磨采用360号砂纸，轻轻抹平表面凸起的砂粒即可，用力不可太大，避免破坏漆膜而引起脱落（图6-99）。

3）后期处理。最后喷涂罩面漆2遍，每遍间隔2小时，厚度约0.5mm，完全干燥需7天。

（8）防水涂料。防水涂料施工时要注意涂刷基层应处理平整、干净，保证无灰尘、油腻、蜡、脱模剂等及其他碎屑物质（图6-100～图6-104）。

图6-97	图6-98	图6-99
图6-100		图6-101

图6-97 喷涂真石漆最好采用无漆喷涂机

图6-98 喷涂速度要均匀

图6-99 打磨

真石漆施工后要等待墙壁完全干燥后再打磨，以保证工程的完整性。

图6-100 防水涂料调和

图6-101 涂刷防水涂料

图6-102 | 图6-103 | 图6-104

图6-102 墙角、构造处需多次涂刷

图6-103 供水管道需多次涂刷

图6-104 闭水检验

1）基层处理。如果基层有孔隙、裂缝、不平等缺陷，须用水泥砂浆修补抹平，伸缩缝与节点应粘贴防裂纤维网，阴阳角处应抹成圆弧形，要确保基层充分湿润，但无明水。

2）调配。将防水涂料倒入容器后，根据使用说明加入配套粉料或水泥粉，同时充分搅拌5分钟至均匀浆料状。

3）施工工序。对基层洒水润湿，接着涂刷防水涂料。利用毛刷或滚刷接触基面，涂刷力度应均匀且无漏刷。需进行两遍涂刷，单次涂刷厚度控制在1~2mm，2遍涂刷之间应间隔至少24小时，采用前后垂直十字交叉的涂刷方法，总涂刷厚度为3~4mm。

4）后期处理。在完成涂刷后的24小时内，通过湿布覆盖涂层或喷雾洒水的方式养护涂层，在涂层完全干固之前，必须避免踩踏、雨水侵袭、阳光暴晒以及尖锐物体损伤。最后应进行闭水试验，防水层干固48小时后，需储水48小时并进行检查，轻质墙体还需进行淋水试验。

本章小结

近年来，人们已逐步摒弃豪华的装饰材料，转而崇尚自然、朴实的风格，着重装饰的文化内涵，希望进一步获得深层次的情感关爱。各式各样的装饰涂料展现出与众不同的个性特点，显示出独具风采的艺术风格和魅力。装饰涂料无论在何种位置使用，色彩及功能的合理运用都是最重要的，这样能够将装饰涂料自身的装饰效果及性能真正展示。

课后练习

（1）原子灰与腻子粉之间有何区别？

（2）对填料进行识别与选购时，应注意哪些要点？

（3）清漆分为哪些类型？

（4）怎样对乳胶漆进行选购？

（5）分组讨论：真石漆具有哪些组成成分？

（6）对原子灰进行施工时，应遵循哪些步骤？

（7）走访装饰材料市场，了解近年流行的新型装饰涂料，对其进行归纳。

（8）考察周边街、广场旁的立体宣传牌，查阅资料，分析外部涂料的品种成分，要保持宣传牌的耐候性，该如何正确涂刷涂料。

胶凝材料

识读难度 ★★★☆☆

核心概念 水泥、混凝土、水泥与混凝土施工、胶凝材料、胶凝材料施工

章节导读 胶凝材料主要用于装饰材料之间的相互黏接，能起到提高施工效率，降低施工成本的作用，此外，它还能用于填充装修构造的缝隙，起到一定的密封、防尘、防水作用。但是需要注意的是，胶凝材料应专材专用，一般选用原则是胶凝材料的分子结构应低于装饰材料的分子结构，且胶凝材料应具有一定的持续性与耐候性。

```
                                                              ┌── 瓷砖胶
                                                              ├── AB 型干挂胶
                                              石材与瓷砖胶黏剂 ──┼── 云石胶
                                                              ├── 填缝剂
                                                              └── 美缝剂

                                              聚醋酸乙烯胶黏剂 ── 定义、特质和应用、规格和价格、选购

                                                              ┌── 氯丁胶黏剂
                                                              ├── 环氧树脂胶黏剂
                                              塑料胶黏剂 ──────┼── 硬质 PVC 胶黏剂
                                                              └── 免钉胶

                                              玻璃胶黏剂 ── 定义、应用、规格和价格

定义、调配比例、规格和价格、选购 ── 普通水泥                    ┌── 建筑胶水
定义、性质和应用、规格和价格、选购 ── 白水泥      胶凝材料        其他胶黏剂 ──┼── 壁纸胶
      水泥砂浆、石灰砂浆 ── 砌筑砂浆    水泥与混凝土                           └── 聚氨酯泡沫填充剂
            定义、分类 ── 混凝土
                                    胶凝材料        胶凝材料一览表

                                              施工方法
                                                              ┌── 瓷砖胶
  施工方法、施工要点 ── 水泥砂浆抹灰施工                         ├── AB 型干挂胶
  施工方法、施工要点 ── 混凝土浇筑施工    水泥与混凝土施工         ├── 云石胶
                                              胶凝材料施工  施工要点 ──┼── 填缝剂
                                                              ├── 氧树脂胶黏剂
                                                              ├── 玻璃胶黏剂
                                                              ├── 壁纸胶
                                                              └── 聚氨酯泡沫填充剂
```

第一节　水泥与混凝土

水泥与水混合后，经过搅拌能形成稠密的浆体。这种浆体在空气或水的环境中会逐渐硬化，展现强大的胶结能力。水泥的主要功能在于结合砂、石等散粒材料，形成稳固的砂浆或混凝土，用于墙体砌筑、墙地面铺装，和浇筑梁、柱等实体构造。

一、普通水泥

1. 定义

普通水泥是由硅酸盐水泥熟料、石膏、10%～15%混合材料等磨细制成的水硬性胶凝材料，又称为普通硅酸盐水泥（图7-1、图7-2）。

2. 调配比例

（1）砌筑砖墙比例。砌筑墙体时，水泥的使用至关重要。为提升墙体的稳固性和耐久性，浇筑梁、柱等结构时，水泥与砂应遵循严格的比例搭配，一般采用1∶2.5至1∶3的水泥砂浆体积比，即水泥占1，而砂占2.5～3。

（2）墙面抹灰比例。墙面找平、抹灰，可以选用1∶2～1∶2.5的水泥砂浆。

（3）墙面瓷砖铺贴比例。墙面瓷砖铺贴，可以选用1∶1的水泥砂浆或素水泥。

3. 规格和价格

普通硅酸盐水泥采用编织袋或牛皮纸袋包装，包装规格为25kg/袋，32.5号水泥的价格为20～25元/袋。

4. 选购

（1）打开包装观察水泥颜色，正常颜色应呈蓝灰色，颜色过深或有变化有可能是其他杂质过多（图7-3）。

（2）查看生产日期，水泥生产30天后强度就会下降，储存3个月后的水泥强度会下降15%～25%，1年后降低30%以上（图7-4）。

图7-1 ｜ 图7-2
图7-3 ｜ 图7-4

图7-1 普通水泥

普通水泥中含有的硅酸盐水泥熟料是以石灰石与黏土为主要原料，经破碎、配料、磨细制成生料，最后置入水泥窑中煅烧而成的。

图7-2 素水泥浆凝固

素水泥凝固需要一定的时间，一般是12个小时，凝固后还需要对水泥进行浇水养护，以防水泥开裂。

图7-3 水泥粉末手感

用手握捏水泥粉末应有冰凉感，粉末较重且比较细腻，不应有各种不规则杂质或结块形态。

图7-4 水泥存放

水泥一般需存放于干燥的室内环境中，整齐摆放，可以在水泥上方覆盖一层无纺布，防尘又防水。

二、白水泥

1. 定义

白水泥全称白色硅酸盐水泥。这种水泥是将水泥生料在烧制中达到部分熔融，加入硅酸钙等铁质含量较低的熟料，参入石膏为辅助材料，经过精细研磨变为具有水硬性的胶凝材料（图7-5）。

2. 性质和应用

白水泥强度较低，主要用于装饰，如填补墙地砖、石材等装饰材料的缝隙，不用于独立承载墙体或结构的建造。

3. 规格和价格

白水泥传统包装规格为50kg/袋，但是现代装修用量不大，包装规格与价格也不一，一般为2.5~10kg/袋，2~3元/kg，掺有特殊添加剂的白水泥会达到5元/kg。

4. 选购

白水泥的选购要点与普通水泥相同，只是要特别注意包装的密封性，不能受潮或混入杂物，不同标号与白度的水泥应分别储运，不能混杂使用（图7-6、图7-7）。

三、砌筑砂浆

砌筑砂浆主要用于墙体、基础构造砌筑，常用砌筑砂浆有以下3种。

1. 水泥砂浆

水泥砂浆运用最频繁，是主要的墙体砌筑黏接材料，一般颜色呈深灰色，用于墙体砌筑的水泥砂浆，其中水泥与砂的体积比多为1:3（图7-8、图7-9）。

2. 石灰砂浆

（1）石灰砂浆。石灰砂浆是由石灰膏与砂按比例搅拌，添加一定外加剂而成的砂浆，一般颜色呈灰白色，完全靠石灰的气硬而获得强度，石灰砂浆虽然早期硬度低，但是完全干燥后也很坚硬（图7-10）。

图7-5 白水泥

白水泥拥有比较高的白度，色泽比较明亮，一般用于各种建筑材料制作，也可作为装饰水泥存在。

图7-6 白水泥嵌缝

白色是中性色，具有很好的调节作用，使用白水泥嵌缝可以搭配各种色彩的鹅卵石，搭配出不错的视觉效果。

图7-7 白水泥存放

存放白水泥的区域建议隔绝空气通道，防止水汽入侵，可以在白水泥表面搭上一层遮雨布，建议白水泥底部放2层木板。

图7-8 水泥砂浆调和

水泥砂浆在使用时，经常要掺入一些添加剂，如微沫剂、防水剂等，以改善它的和易性与黏稠度。

图7-9 水泥砂浆抹灰

水泥砂浆抹灰时需要根据实际所需调配，以免水泥砂浆提前干固，影响最终施工效果。

图7-5	图7-6	图7-7
	图7-8	图7-9

图7-10 石灰砂浆外加剂

石灰砂浆一般多用于庭院与周边的辅助用房装修，如工具间等，比较适合潮湿环境，强度相对水泥砂浆较弱，其中石灰与砂的体积比多为1∶3。

图7-11 多功能混合砂浆外加剂

混合砂浆中由于加入了石灰，改善了传统砂浆的和易性，有利于提高砌体密实度与工作效率。

图7-12 普通混凝土

普通混凝土具有原料丰富、价格低廉、抗压强度高、耐久性好、强度范围广、生产工艺简单等特点，使用量较大。

图7-13 普通混凝土浇筑楼梯

混凝土浇筑楼梯要先振实底板混凝土，再一起浇捣踏步混凝土，一般是自下而上浇筑，并不断连续向上推进，随时用木抹子将踏步上表面抹平。

图7-10	图7-11
图7-12	图7-13

（2）混合砂浆。混合砂浆一般由水泥、石灰、砂拌和而成，此外还根据需要增加了粉煤灰、石粉、滑石粉、钙粉、红土粉等外加剂，颜色呈中灰色，一般用于地面以上的砌体（图7-11）。

（3）特性与价格。常见砂浆集料在水泥基础上增加各种添加剂，缩短了水泥的干燥时间，进一步增强了其强度、耐盐碱及抗裂性等多方面优势，能在严寒、湿热等不同环境中展现出稳定性能。成品砂浆集料采用25kg/袋的包装形式，其价格相较同规格包装的普通水泥高出20%～50%

四、混凝土

1. 定义

混凝土是由胶凝材料（如水泥）、水、骨料等按适当比例配制，经混合、搅拌、硬化而成的一种人工石材，简称砼。

2. 分类

（1）普通混凝土。普通混凝土是指用水泥作胶凝材料，砂、石作集料，与水、外加剂等按一定比例配合，经搅拌、成型、养护而成的水泥混凝土（图7-12）。

1）应用。普通混凝土主要用于浇筑装修空间中增加的地面、楼板、梁柱、楼梯等，也可以用于成品墙板或粗糙墙面找平，在户外用于浇筑各种小品、景观、构造等物件（图7-13）。

2）价格。普通混凝土的施工成本较高，以室内浇筑架空楼板为例，配合钢筋、模板等施工费用，一般为800～1000元/m²。

（2）装饰混凝土。装饰混凝土是通过使用特种水泥、颜料或选择颜色骨料，在一定的工艺条件下制得的混凝土（图7-14、图7-15）。

装饰混凝土在混凝土表面，通过色彩、色调、质感、设计风格和纹理的细致规划与创新构思，展现出各种天然石材的铺设效果。这其中包括大理石、花岗岩、砖、瓦以及木地板等自然石材的真实模仿，凸显出其对自然美感的追求和呈现。

第二节　水泥与混凝土施工

一、水泥砂浆抹灰施工

墙地面抹灰是将砂浆用抹子抹到墙地面上，所用的砂浆主要是水泥砂浆或是混合砂浆。

1. 施工方法

首先，清除基层表面的灰尘、污垢和油渍等杂质，用水冲洗，对于光滑的混凝土基层，应在表面凿毛。在基层面上部拉水平线，开始抹灰饼，灰饼与标筋都采用1∶3水泥砂浆固定，标筋宽度为50mm。接着，使用1∶3的水泥砂浆进行底层与中层抹灰，完成后将其养护至干燥状态。最后，采用比例为1∶2.5的水泥砂浆进行面层抹灰，抹灰前应湿润中间层，抹灰后的24小时开始浇水养护，完成后需进行为期7天的养护（图7-16～图7-21）。

水泥砂浆的用途

水泥砂浆在装修中是必不可少的辅助材料，它是通过用水泥加砂加水，通过一定比例来调配而成的，不同区域所用的水泥砂浆配比是不同的。用在沟、井砌筑方面的水泥砂浆，其强度为M7.5，大概是通过1∶6.3∶1.35的比例来调配的，也就是用一份的水泥加6.3份的河砂及1.35份的水混合后搅拌而来的，这种强度才能固定好沟、井位置；用于毛石、挡墙砌筑，其强度是M10，水泥砂浆的配比是1∶5.27∶1.13，也就是选择重量为1的水泥加上重量为5.27的河砂，再加上重量为1.13的水来混合调配的。

2. 施工要点

(1) 墙体抹灰一般分为底层、中层、面层3层，施工时按照工序施工即可（图7-22）。

1）底层。底层主要与基层（墙体）黏接，同时还具有找平作用，厚度为5～10mm。

2）中层。中层主要起找平作用和承前启后的结合作用，所用材料同底层，厚度为7～8mm。

3）面层。面层主要起装饰作用，要求表面平整、色泽均匀、无裂纹，厚度左右为5mm。

(2) 若墙面处理需粘贴外墙砖，必须对面层进行糙面处理；若水泥砂浆用量较大，建议使用搅拌机制备砂浆，搅拌过程应持续5分钟以上。

(3) 添加外加剂，应先将外加剂按规定的浓度溶解于水中。然后，在加水的过程中将外加剂溶液加入，避免直接将外加剂投入已拌制的砂浆中。

(4) 砂浆应当随拌随用，水泥砂浆与水泥拌和完成后，应在2小时内使用完毕。

图7-22 水泥砂浆抹灰构造

墙体基层
5～10mm厚1∶3水泥砂浆
7～8mm厚1∶3水泥砂浆
5mm厚1∶2.5水泥砂浆

根据水泥砂浆抹灰构造示意图可以很清楚地知道每一层水泥抹灰的配比量，施工时根据此示意图配比即可。

内墙抹灰施工注意事项

(1) 抹灰前应对墙体的基层进行处理。将水电管道洞槽用1∶3水泥砂浆或C15细石混凝土填充密实；门窗框连接脚头与墙体之间的缝隙、混凝土表面凸出部分剔平及疏松部分剔除等用1∶3水泥砂浆分层补平。抹灰总厚度不得大于25mm。

(2) 不同材料基体交接处表面抹灰：为防止开裂，底部要放置加强网，每边不少于100mm，加强网应绷紧、钉牢。注意后砌墙施工要先清除接槎处的灰浆，浇水湿润后填筑，抹灰时，接槎部分钉钢丝网。

(3) 门窗洞口、柱的阳角做法：采用1∶2水泥砂浆做暗护角，其高度不应低于2m，每侧宽度不应小于50mm。

(4) 抹灰前混凝土表面凿毛洒水湿润后涂刷1∶1水泥砂浆，陶粒砌块墙面湿润后，边刷界面剂边抹灰。

(5) 抹灰分格缝的宽度和深度应均匀，表面应光滑，棱角应整齐，有排水要求部位应做滴水线（槽）。

(6) 水泥砂浆在使用时，还要经常掺入一些添加剂，如微沫剂、防水粉等，以改善它的和易性与黏稠度。

二、混凝土浇筑施工

混凝土浇筑包括筑模、绑扎钢筋、浇筑混凝土、养护等工序，制成的楼板、立柱、墙体等

图7-23 混凝土浇筑

使用混凝土浇筑时，注意混凝土的自由高度不宜超过2m，浇筑所用的水泥、砂、石及外加剂等必须经过检验合格才能使用，以确保建筑体的稳定性。

图7-24 混凝土浇筑构造

根据混凝土浇筑构造示意图可以看出混凝土浇筑施工时的具体工序，施工时按照配比和工序施工即可。

图7-25 钢筋编扎

钢筋编扎上下交错，钢筋层应当位于混凝土中央，不能位于混凝土层上部或下部。在裸露的钢筋端头应涂抹聚氨酯胶，防止钢筋与混凝土之间产生开裂。

图7-26 楼板浇筑构造

在楼梯洞口制作框架模板，尺寸精确，钢筋网架布局均衡，疏密一致。

图7-23 | 图7-24
图7-25 | 图7-26

支撑模板
配置钢筋网架
混凝土浇筑
网架垫块

承重构造，整体性好，隔声性好，抗震能力强（图7-23）。

1. 施工方法

首先，核对浇筑尺寸，根据设计要求进行配筋，构成钢筋骨架，同时将基层表面的灰尘、污垢、油渍等清除干净，用水冲洗界面。然后，安装浇筑模板，在模板上绑扎好钢筋，竖立两边侧模，并对模板涂刷脱模剂。接着，配置混凝土并进行浇筑，同时进行振捣密实，不能留置施工缝。最后，对混凝土进行覆盖养护7天，拆除模板（图7-24）。

2. 施工要点

绑扎钢筋时，首先需在模板上弹出其位置线。受力钢筋需被精准放置于位置线上，之后在受力钢筋上绑扎分布筋，之后在钢筋网片的下方垫放一块厚度为15～20mm的垫块。混凝土的搅拌一旦完成，应在两小时内进行浇筑使用。浇筑梁、柱、板时，初凝时间通常为8～12小时。若混凝土浇筑工作隔天进行，那么首先应当使用水泥素浆或同混凝土成分的水泥砂浆作为连接层，随后再浇筑混凝土（图7-25、图7-26）。

捣实混凝土时多采用振动棒或平板振动器，应使混凝土达到表面平整密实，混凝土浇筑后要注意养护，保证或加速混凝土的正常硬化。

第三节　胶凝材料

胶黏剂又称为胶水，它能快速黏接各种装饰材料，相对于钉子、螺栓等固件连接而言，胶凝材料具有成本低廉、施工快速、操作方便等优势，以往只用于木材、塑料、壁纸等轻质材料，现在逐渐覆盖整个装修领域。

一、石材与瓷砖胶黏剂

1. 瓷砖胶

（1）定义。瓷砖胶是以水泥为基材，采用聚合物材料等混合而成的一种白色或灰色粉末胶黏剂，可以取代传统水泥砂浆粘贴各种石材与陶瓷墙地砖（图7-27）。

（2）特质。瓷砖胶在使用时只需加水即能获得黏稠的胶浆，它具有耐水、耐久性，操作方便，价格低廉等特点（图7-28）。

（3）应用和价格。瓷砖胶适用于局部墙面粘贴石材、瓷砖等块材。由于瓷砖胶采用单组分包装，黏接强度不及AB型干挂胶，一般适用于粘贴自重不大的块材，如中等密度陶瓷砖或厚度不大于15mm的天然石材，粘贴高度应小于3m。瓷砖胶的包装规格一般为20kg/袋，价格为60~80元/袋，每袋粘贴面积一般为4~5m²。

2. AB型干挂胶

（1）定义。AB型干挂胶是一种双组分的胶黏剂，即分为A、B两种包装，使用时将两者混合使用，具有耐水、耐气候以及耐多种化学物质侵蚀等特点（图7-29）。

（2）特质和施工。AB型干挂胶具有出色的黏接强度，价格较高。在实际应用中，主要通过点胶方式铺设石材与瓷砖，在铺装材料的背后及铺装界面上选择局部区域施以AB型干挂胶。施工时，需预先将A、B两种胶黏剂进行调和，随后将混合好的胶黏剂装入打胶器，最后将胶黏剂精准涂抹于需要黏接的部位。

（3）应用。AB型干挂胶适用于在潮湿墙面上铺装石材、砖材，尤其在家具、构造上局部铺装石材、瓷砖，铺装效率要比瓷砖胶更高，1名熟练施工员可铺装25m²/天（图7-30）。

（4）规格和价格。AB型干挂胶的包装规格一般为2桶，A、B各1桶，5kg/桶，价格为100~200元/组，每组粘贴面积一般为4~5m²。

3. 云石胶

（1）定义。云石胶由环氧树脂和不饱和树脂两种原料制作，适用于各类石材间的黏接或修补石材表面的裂缝和断痕，常用于各类型铺石工程及各类石材的修补、黏接定位和填缝（图7-31）。

图7-27 瓷砖胶

瓷砖胶粘结强度高，耐冻融，且耐老化性能好，多用于浴室、厨房等区域的墙、地面铺贴。

图7-28 瓷砖铺装

使用瓷砖胶粘贴墙面砖，在砖材固定5分钟内仍能旋转90°，而不会影响最后的黏接强度。

图7-29 AB型干挂胶

AB型干挂胶的强度较高，可在混凝土、钢材、玻璃、木材等材料表面粘贴石材或瓷砖。

图7-30 AB型干挂胶应用

AB型干挂胶采用点胶的铺装方式不适合地面铺装，因为砖材与地面基层之间存在缝隙，受到压力容易破裂。

图7-31 云石胶

云石胶的硬度、韧性、固化速度、抛光性及耐腐蚀性能都十分不错，施工效果好。

图7-27	图7-28	图7-29
图7-30	图7-31	

图7-32 填缝剂

填缝剂凝固后在砖材缝隙上会形成光滑如瓷的洁净面，具有耐磨、防水、防油、不沾脏污等优势，能长期保持清洁，且能保证宽度不大于3mm的接缝不开裂、不凹陷。

图7-33 填缝剂调和

填缝剂调和后具有一定的黏稠度，表面一般呈现白色，用于瓷砖勾缝处，有很好的装饰效果。

图7-34 美缝剂

美缝剂凝固后，表面光滑如瓷，可以和瓷砖一起擦洗，具有抗渗透、防水的特性，可以做到真正的瓷砖缝隙"永不变黑"。

图7-35 聚醋酸乙烯胶黏剂

聚醋酸乙烯胶黏剂可用于墙面腻子调和，也可用作水泥增强剂、防水涂料等。

图7-36 聚醋酸乙烯胶黏剂质地

聚醋酸乙烯胶黏剂质地细腻，呈乳白色稠状液体，色泽亮丽。

（2）特质。云石胶耐候性强，不易黄变，耐水煮性强，云石胶固化24小时后，水浸泡10小时，然后沸水蒸煮5小时，仍然能保持强劲的黏结力。

4. 填缝剂

（1）定义。填缝剂是一种粉末状的物质，由多种高分子聚合物与彩色颜料制成，弥补了传统白水泥填缝剂容易发霉的缺陷，使石材、瓷砖的接缝部位光亮如瓷（图7-32、图7-33）。

（2）特质。填缝剂颜色丰富，自然细腻，具有光泽，不褪色，具有很强的装饰效果，各种颜色能与各种类型的石材、瓷砖相搭配。

（3）应用和价格。填缝剂主要用于石材、瓷砖铺装缝隙填补，是石材、瓷砖胶黏剂的配套材料，常用包装为每袋1～10kg不等，价格为5～10元/kg。

5. 美缝剂

（1）定义。美缝剂是填缝剂的升级产品，美缝剂的装饰性与实用性明显优于彩色填缝剂，传统的美缝剂是涂在填缝剂的表面，新型美缝剂不用填缝剂做底层，可以在瓷砖黏接后直接填加到瓷砖缝隙中（图7-34）。

（2）特质和应用。美缝剂适用于宽度超过2mm的缝隙填充。相较于传统填缝剂，美缝剂的施工更为便捷，其光泽度出色，如金色、银色、珠光色等多种色彩，明显优于传统的白水泥和彩色填缝剂，使墙面整体效果更加协调统一。此外，美缝剂的装饰性能强大，能够显著增强墙面的美观度和质感。

二、聚醋酸乙烯胶黏剂

1. 定义

聚醋酸乙烯胶黏剂又称为白乳胶，它无毒无味、无腐蚀、无污染，是一种环保型水性胶黏剂，是专用于竹、木质材料黏接的专用胶黏剂（图7-35）。

2. 特质和应用

聚醋酸乙烯胶黏剂使用方便、操作简单，可以直接涂抹至黏接部位，主要用于家具制作、地板铺装等施工中，能辅助钉子、螺栓等连接件（图7-36）。

3. 规格和价格

聚醋酸乙烯胶黏剂常用包装为每桶0.5kg、1kg 4kg、8kg、18kg等，其中18kg包装产品价格为150～200元/桶。

4. 选购

选购聚醋酸乙烯胶黏剂时，要选择胶体均匀，无分层，无沉淀，开启容器时无刺激性气味的胶黏剂。

三、塑料胶黏剂

塑料胶黏剂是指用于塑料材料黏接的专用胶黏剂，目前常用的产品有以下几种。

1. 氯丁胶黏剂

（1）定义。氯丁胶黏剂又称为强力万能胶，属于独立使用的特效胶水，使用面广（图7-37）。

（2）特质。氯丁胶黏剂黏结性好，涂抹于物体表面后，经过一段时间的晾干即可迅速结晶，形成强大的初始黏接力，且具备良好的持久性（图7-38）。

（3）应用。对于防火板铝塑板、PVC板、胶合板、纤维板、有机玻璃板及金属等材料，氯丁胶黏剂均表现出良好的黏接效果，对于塑料板材的黏接最为常用。

（4）规格和价格。氯丁胶黏剂常用包装规格为每罐1kg、2kg、5kg、10kg、15kg等，其中1kg包装产品价格为20～30元/罐。

2. 环氧树脂胶黏剂

（1）定义。环氧树脂胶黏剂即HN-605胶，环氧树脂胶黏剂一般为双组分胶黏剂，即分为A、B两种包装，使用时将两者混合使用（图7-39）。

（2）配比。环氧树脂胶黏剂的混合比例为胶黏剂∶硬化剂＝1∶1，混合后一般应1小时以内用完，施工环境温度在15～25℃之间。

（3）特质。环氧树脂胶黏剂可耐震动与冲击而不脱落，可在常温下硬化，无需特别加热及加压，硬化后树脂无味、无臭、无毒，便于使用（图7-40）。

（4）应用。环氧树脂胶黏剂主要用于各种塑料地板、地胶铺装，也可以将塑料材料黏接在金属、玻璃、陶瓷、塑料、橡胶材料表面。

3. 硬质PVC胶黏剂

（1）特质和应用。硬质PVC胶黏剂种类很多，具有较好的黏接能力与防霉、防潮性能，适用于黏接各种硬质塑料管材、板材（图7-41、图7-42）。

（2）规格和应用。硬质PVC胶黏剂常用包装有每罐100～1000g不等，其中500g包装的产品价格为10～15元/罐。

4. 免钉胶

（1）定义。免钉胶是一种黏合力极强的多功能建筑结构强力胶，在干固后，比铁钉的固定力度大（图7-43）。

（2）特质。免钉胶是不含甲醛、无异味、由树脂原料合成的一种绿色环保产品，可以和任何材料粘结，无气味，不伤皮肤，永远不会变黑、发霉。

图7-37 氯丁胶黏剂

氯丁胶黏剂采用聚氯丁二烯合成，是一种以不含三苯（苯、甲苯、二甲苯）的高质量活性树脂及有机溶剂为主要成分的胶黏剂。

图7-38 氯丁胶黏剂质地

氯丁胶黏剂呈浅黄色液态，其结构比较规整，在室温下有较好的黏接性能与较大的内聚强度。

图7-39 环氧树脂胶黏剂

环氧树脂胶黏剂的特性是黏接强度高、耐酸碱、耐水及其他有机溶剂，适用于各种塑料、橡胶等多种材料的黏接。

图7-40 环氧树脂地板胶黏剂

小包装的环氧树脂地板胶黏剂可用于日常维修保养，使用方便，价格低廉，一般为3～5元/件。

图7-37 | 图7-38 | 图7-39 | 图7-40

图7-41 | 图7-42 | 图7-43
图7-44 | 图7-45 | 图7-46

图7-41 硬质PVC胶黏剂

硬质PVC胶黏剂具有黏接强度高、耐湿热性、抗冻性、耐介质性好、干燥速度快、施工方便、价格便宜等特点。

图7-42 硬质PVC管道胶黏剂涂刷

硬质PVC胶黏剂主要用于PVC穿线管与PVC排水管接头构造的黏接，还可用于PVC板、ABS板等塑料板材黏接。

图7-43 免钉胶

免钉胶干固后可以打磨上油漆，比玻璃胶的成本要高出很多，价格相应也会高出很多。

图7-44 酸性玻璃胶

酸性玻璃胶能减少设备磨损度，能提高产品表面滑爽性，且能很好地提高阻燃性。

图7-45 中性玻璃胶

中性玻璃胶使用方便，黏接性较好，施工前一定要将基层表面油污清除干净。

图7-46 901建筑胶水

901建筑胶水中所含甲醛较少，基本在国家规定的范围以内，相对于传统107与801建筑胶水而言较为环保。

四、玻璃胶黏剂

1. 定义

玻璃胶黏剂是专用于玻璃、陶瓷、抛光金属等表面光洁材料的胶黏剂，主要分为硅酮玻璃胶与聚氨酯玻璃胶两大类。

（1）酸性玻璃胶。酸性玻璃胶主要用于玻璃与其他材料之间的常规黏接，也适用于玻璃、铝质材料及非油性木材的黏接力，但并不适合陶瓷、大理石等材料的黏接（图7-44）。

（2）中性玻璃胶。中性玻璃胶不会对金属材料产生腐蚀，克服了与碱性物质发生反应的缺陷，适用于陶瓷洁具、石材等多种材料的黏接作业（图7-45）。

（3）其他。此外，还有中性防霉胶，耐候性更强，特别适用于一些潮湿、容易长霉菌的环境，价格比酸性胶要高。

2. 应用

玻璃胶黏剂主要用于干净的金属、玻璃、抛光木材、加硫硅橡胶、陶瓷、天然及合成纤维、油漆、塑料等材料表面的黏接，也可以用于光洁的木线条、踢脚线背面或墙壁缝隙等部位。

3. 规格和价格

常用硅酮玻璃胶颜色有黑色、瓷白、透明、银灰、灰、古铜6种。玻璃胶规格为每支250mL、300mL、500mL等，其中中性硅酮玻璃胶500mL价格为10~20元/支。

五、其他胶黏剂

1. 建筑胶水

（1）定义。建筑胶水是以聚乙烯醇、水为主要原料，加入尿素、甲醛、盐酸、氢氧化钠等添加剂制成的胶水（图7-46）。

（2）应用。建筑胶水主要用于配制涂料腻子，也可以添加到水泥砂浆或混凝土中，以增强水泥砂浆或混凝土的胶黏强度，起到基层与涂料之间的过渡作用（图7-47）。

（3）规格和价格。901建筑胶水的常用包装规格为每桶3kg、10kg、18kg等，常见的18kg产品价格为60~80元/桶，知名品牌产品价格为120~150元/桶，其产品质量较有保证。

图7-47 建筑胶水与腻子调和

建筑胶水和腻子调和时要依据产品说明和实际施工所需来进行调配，不宜过多，以免浪费。

图7-48 糯米胶

糯米胶黏性长、无毒、无异味、环保健康、维修率低、使用面广，几乎适用于所有的壁纸类型。

图7-49 糯米胶储存

糯米胶的最佳储藏条件为5~35℃的阴凉干爽环境，注意避免阳光直射。

图7-50 淀粉壁纸胶

淀粉壁纸胶具有经济实用、使用方便、强力配方、粘贴牢固等特性，粉末保存容易结块，胶液状态保存时间短，必须立即使用，其施工准备时间仅需要5分钟。

图7-51 聚氨酯泡沫填充剂

聚氨酯泡沫填充剂具有施工方便快捷、性能稳定等优势，可粘附在混凝土、涂层、墙体、木材及塑料表面。

图7-52 门窗泡沫发泡膨胀

聚氨酯泡沫填充剂适用于密封堵漏、填空补缝、固定粘结及保温隔声，尤其适用于成品门窗与墙体之间的密封堵漏及防水。

（4）选购。注意优质建筑胶水打开包装后无任何异味，搅拌时黏稠度适中，质地均匀且呈透明状。

2. 壁纸胶

（1）定义。壁纸胶指一种特制黏合剂，用于固定壁纸、墙布等装饰材料。该产品可划分为甲基纤维素型壁纸胶与淀粉型壁纸胶两大类，可代替传统液态胶水。

（2）分类。依据其化学组成，壁纸胶可被归类为糯米胶与淀粉型壁纸胶两种基本类型。

1）糯米胶。糯米胶又称江米胶，是由糯米或江米经十二个精细加工步骤，包括净化、研磨、干燥等，最终制成的一种环保黏合剂（图7-48、图7-49）。

2）淀粉壁纸胶。淀粉壁纸胶又称土豆粉，其生产原料主要源自植物淀粉，不含甲醛等有害成分（图7-50）。

3）现代壁纸胶一般为分解包装产品，即分为基膜、胶粉、胶水3个包装。价格为60~150元/组，每组可铺装普通壁纸约12~15m^2。此外，壁纸胶产品种类较多，很多为进口产品，如成品桶装胶，其成分不明，但价格却很高，具体可以根据实际条件选购。

3. 聚氨酯泡沫填充剂

（1）定义。聚氨酯泡沫填充剂全称为单组分聚氨酯泡沫填缝剂，又称为发泡剂、发泡胶、PU填缝剂，它是一种将聚氨酯预聚物、发泡剂、催化剂等物料装填于耐压气雾罐中的特殊材料（图7-51）。

（2）特质。聚氨酯泡沫填充剂从喷雾罐中释放时，会与空气中的水分发生反应，迅速膨胀形成泡沫结构，之后逐渐固化。固化泡沫的功能包括缝隙填充、黏合、封闭、绝热及吸音等（图7-52）。环保节能且便于施工，在建筑装修领域中具有重要的应用价值。

（3）规格和价格。聚氨酯泡沫填充剂的常用包装为每罐500mL、750mL，其中750mL包装的产品价格为15~25元/罐。

图7-47	图7-48	图7-49
图7-50	图7-51	图7-52

六、胶凝材料一览表（表7-1）

表7-1　　　　　　　　　　　　　　　　　　　胶凝材料一览表

名称		图例	性能特点	用途	参考价格
石材与瓷砖胶黏剂	瓷砖胶		耐水、耐久性，操作方便，价格低廉	适用于粘贴自重不大的块材	20kg/袋，60～80元/袋
	AB型干挂胶		具有很高的黏接强度，价格也更高	适用于在潮湿墙面上铺装石材、砖材，尤其在家具、构造上局部铺装石材、瓷砖	A、B各1桶，5kg/桶，价格为100～200元/组
	云石胶		耐候性强，不易变黄，耐水煮性强	适用于各类石材间的黏接或修补石材表面的裂缝和断痕	4kg/桶，价格为100～200元/桶
	填缝剂		颜色丰富，自然细腻，具有光泽，不褪色，具有很强的装饰效果	主要用于石材、瓷砖铺装缝隙填补	每袋1～10kg不等，价格为5～10元/kg
	美缝剂		施工方便，光泽度好，颜色丰富、自然细腻	瓷砖、缝隙美缝	50～100/罐
塑料胶黏剂	聚醋酸乙烯胶黏剂		无毒无味、无腐蚀、无污染，是一种环保型水性胶黏剂	专用于竹、木质材料黏接的专用胶黏剂	0.5kg、1kg、4kg、8kg、18kg等，其中18kg包装产品价格为150～200元/桶
	氯丁胶黏剂		初始黏接力大，耐久性好	各种塑料板材之间的黏接	每罐1kg、2kg、5kg、10kg、15kg等，其中1kg包装产品价格为20～30元/罐
	环氧树脂胶黏剂		无味、无臭、无毒，使用方便，价格低廉	各种塑料地板、地胶铺装	3～5元/件
	硬质PVC胶黏剂		黏接能力、防霉、防潮性能好	适用于黏接各种硬质塑料管材、板材	每罐100～1000g等，其中500g包装的产品价格为10～15元/罐
	免钉胶		是一种绿色环保产品，无甲醛成分，无异味，不会损伤皮肤且永不发霉、变黑	可以和任何材料黏接	每罐50～500g等，10～15元/罐
玻璃胶黏剂	酸性玻璃胶		黏接范围广，阻燃性好	对玻璃、铝材、不含油质的木材等具有优异黏接性	硬瓶常见规格：230mL、260mL、280mL、300mL。软包常用规格：500mL、550mL、590mL，15～35元/支

名称		图例	性能特点	用途	参考价格
玻璃胶黏剂	中性玻璃胶		不会腐蚀金属材料，防霉、耐候性更强	用于黏接陶瓷洁具、石材等	硬瓶常见规格：230mL、260mL、280mL、300mL。软包常用规格：500mL、550mL、590mL，15～35元/支
其他胶黏剂	建筑胶水		增强水泥砂浆或混凝土的胶黏强度，起到基层与涂料之间的过渡作用	用于配制涂料腻子，也可以添加到水泥砂浆或混凝土中	3kg、10kg、18kg等，18kg为60～80元/桶，知名品牌120～150元/桶
	壁纸胶 糯米胶		环保胶黏剂	用于壁纸、墙布等材料粘贴的胶粘剂	60～150元/组，每组可铺装普通壁纸约12～15m²
	壁纸胶 淀粉壁纸胶		不含甲醛等有害物质	用于壁纸、墙布等材料粘贴的胶黏剂	60～150元/组，每组可铺装普通壁纸约12～15m²
	聚氨酯泡沫填充剂		泡沫固化后可填充缝隙，黏接和密封结构，还具有隔热、吸声等效果，环保绿色，使用便捷	适用于密封堵漏、填空补缝、固定黏结及保温隔声	每罐500mL、750mL，750mL包装产品价格为15～25元/罐

第四节　胶凝材料施工

一、施工方法

首先，依据设计规范对界面底层进行清洁，清除污垢、水迹及油污，需要时对界面进行打磨或凿毛，并清理扬尘；然后，打开胶黏剂包装，根据使用指南进行胶黏剂的配比；接着，用专业工具将调好的胶黏剂均匀涂抹至预黏接区域，并实施黏接作业；最后，养护并等胶黏剂干燥，剩余胶黏剂应当妥善存放，不能放回原包装容器。

二、施工要点

1. 瓷砖胶

将胶黏剂倒入清水中搅拌成膏状，一般应先加水再倒入粉剂，搅拌时可使用人工或电动搅拌机，混合比例为胶黏剂∶水＝4∶1，必要时可以掺入促凝剂、增稠剂等（图7-53～图7-56）。

充分拌合后以完全无粉团为合格，搅拌完毕后静止放置约10分钟后简单搅拌即可使用，每次涂布约1m²左右，然后在晾置时间内将块材揉压于上即可。如果瓷砖背面的沟隙较深或石材、瓷砖较大较重，则应在铺装界面与砖材背面同时涂上胶黏剂，粘贴块材的面积一般应不大于800mm×800mm，厚度不大于15mm。

2. AB型干挂胶

使用混合点胶器施工，点胶的距离为200～300mm，块材背面与铺装界面相对应的部位都应

图7-53 │ 图7-54
图7-55 │ 图7-56 │ 图7-57

图7-53 少量调和

用量较少时少量调和瓷砖胶，以免干裂浪费，少量调和适用于修补瓷砖铺装边缘。

图7-54 添加建筑胶水

在大量调和时，可以根据用量来添加建筑胶水，以增强黏合度。

图7-55 涂抹均匀

将瓷砖胶均匀地涂抹到瓷砖背后，涂抹平整，边角保持倾斜。

图7-56 平铺地面

平铺到地面上以后按压平整，并仔细养护，48小时内不能踩压。

图7-57 块材背后点胶

AB型干挂胶必须严格按重量比混合，每次点胶量以200g为佳，用量过多或过少均会影响铺装效果。

胶黏剂
块材背面

点胶。点胶后5分钟内将块材对压至相应界面上，并作及时微调，24小时后才能完全固化，取出的胶黏剂应在2小时内用完（图7-57）。

3. 云石胶

胶和固化剂的配比量在100：2~4之间综合性能最好，但又并不是固化剂配比量越大越好，如果超过此配比量，会造成云石胶凝固过快，从而出现没有粘结强度、固化物松散、固化物变黄、不透明等现象。

固化剂越多，固化速度会较之前快8~16分钟，在使用时，应先进行小试，根据个人所需要的时间来掌握好添加量之后，再进行批量生产操作，从而达到最佳的使用效果，一般配比在100：10的范围内，固化剂的多少对固化物硬度没有太大影响。

4. 填缝剂

调配比例一般为填缝剂：水＝4：1，将清水加入填缝剂中调成膏状，静置10分钟后，再简单搅拌即可使用（图7-58）。

5. 氧树脂胶黏剂

一般将A、B两种胶混合至点胶器中，注入黏接面，或将黏接剂与硬化剂均匀混合后，用竹片、抹刀或刷子涂装在基层表面，涂装厚度依其需要而定，然后将接触表面合拢轻压即可（图7-59）。

6. 玻璃胶黏剂

酸性胶、中性透明胶的固化时间为5~10分钟，中性彩色胶一般应在30分钟内。玻璃胶的固化时间随着黏接厚度增加而增加，玻璃胶黏剂未固化前可用布条或纸巾擦掉。酸性玻璃胶在固化过程中会释放出刺激性气体，因此一定要在施工后打开门窗（图7-60、图7-61）。

7. 壁纸胶

进行胶浆调配时，应一边使用塑料筒和搅拌棒搅拌，一边将胶粉缓慢撒入水中，达成胶液均质化的目标。壁纸质量越重，所需添加的水分量应相应减少。不能用温水或热水稀释胶浆，因为高温会导致胶液结块。胶浆搅拌完成后，应避免再加入额外胶粉，胶液不宜过稀或涂抹过厚，防止胶液从壁纸接缝处溢出，影响黏贴质量（图7-62）。

图7-58 | 图7-59 | 图7-60
图7-61 | 图7-62 | 图7-63

图7-58 填缝剂填补

填缝剂填补完成后要等待24小时后用干燥抹布进行进一步清洁，固化后的填缝剂有一定的防水功能。

图7-59 混合点胶器

混合点胶器是专门用于双组分装饰材料施工的器械，可以更方便施工，同时也能控制出胶量。

图7-60 打胶器施工

玻璃胶施工时应用配套打胶器，施工数量可以有效控制，施工后用抹刀或木片修整表面。

图7-61 硅酮玻璃胶黏剂封闭边缘

封闭边缘待其固化后需用美工刀刮去对胶剂或用二甲苯、丙酮等溶剂擦洗。

图7-62 壁纸简易涂胶器

采用涂胶器来施工，使用快捷，涂胶均匀，且器械易清洗，其涂装质量也会更好。

图7-63 聚氨酯泡沫填充剂施工

施工时要注意喷射速度，通常喷射量至所需填充体积的50%即可。

图7-64 切割整齐

聚氨酯泡沫填充剂施工2小时后才会完全固化，可采用美工刀切割，切去多余部分泡沫。

8. 聚氨酯泡沫填充剂

应将聚氨酯泡沫填充剂进行至少1分钟的摇晃，均匀后采用塑料管将填充剂喷射至待填缝隙中。10分钟后，填充剂开始固化，此时应去除多余泡沫。可在泡沫表面涂抹水泥砂浆、腻子等涂料或用硅胶装饰（图7-63、图7-64）。

本章小结

胶凝材料的发展有着悠久的历史，人们使用最早的胶凝材料为"黏土"，用来抹砌简易的建筑物。接着出现的水泥等建筑材料都与胶凝材料有着很大的关系。而且胶凝材料具有一些优异的性能，在日常生活中应用较为广泛，随着相关技术的发展，胶凝材料及其制品工业必将产生新的飞跃。

课后练习

（1）怎样对水泥进行选购？

（2）砌筑砂浆分为哪几种类型？

（3）进行水泥砂浆抹灰施工时应遵循哪些要点？

（4）氯丁胶黏剂具有哪些特质？

（5）分组讨论：酸性玻璃胶与中性玻璃胶的适用范围有何不同？

（6）对云石胶进行施工时，应遵循哪些要点？举例说明。

（7）查阅资料，分析我国建筑装饰胶黏剂的发展应用历史，讨论胶黏剂应用变革与国民经济发展的关系。

水电材料

识读难度　★★★☆☆

核心概念　水路材料、电路材料、水路施工、电路施工

章节导读　在现代装修中，水电施工面积广大，由于不能随意拆卸埋设在墙体中的水电管线设备，一旦损坏会造成严重的后果，维修起来也很困难，因此，水电材料要保证使用安全。水电材料要特别注意质量，除了选用正宗品牌产品外，还要选择优质辅材，配合严格、精湛的施工工艺，这样才能更好地保证使用安全。

- 水电材料
  - 水路材料
    - PP-R管
    - PVC管
    - 铝塑复合管
    - 铜塑复合管
    - 不锈钢管
    - 编织软管
    - 不锈钢波纹管
    - 水龙头
    - 水路材料一览表
  - 电路材料
    - 单股电线
    - 护套电线
    - 电视线
    - 音箱线
    - 网路线
    - PVC穿线管
    - 接线暗盒
    - 空气开关
    - 开关插座面板
    - 电路材料一览表
  - 水路布置施工
    - 给水管施工
      - 施工方法
      - 施工要点
    - 排水管施工
      - 施工方法
      - 施工要点
  - 电路布置施工
    - 电线布设施工
      - 施工方法
      - 施工要点
    - 开关插座面板安装施工
      - 施工方法
      - 施工要点

第一节　水路材料

水路材料中的各种规格的转角、接头及水管价格有高有低，具体数量的核定应根据设计图纸与施工现场精确计算，按需选购，避免浪费。

一、PP-R管

1. 定义

PP-R管又称为三型聚丙烯管，是采用无规共聚聚丙烯经挤出成为管材，注塑而成的绿色环保管材（图8-1、图8-2）。

2. 特质和应用

PP-R管继承了塑料管质轻、抗腐蚀、不易结垢、耐用等优势，特别是无毒与卫生，不仅被广泛用于饮用水管，还能作为中央空调与锅炉地暖的给水管。PP-R管安装便捷，连接牢固，管件、管材之间可用热熔连接，确保接合部位的强度，使其超越管材本身的强度（图8-3）。

3. 规格和价格

（1）规格。PP-R管的规格表示分为外径（DN）与壁厚（EN），单位均为mm，PP-R管的外径一般为20mm（4分管）、25mm（6分管）、32mm（1寸管）、40mm（1.2寸管）、50mm（1.5寸管）、65mm（2寸管）、75mm（2.5寸管）等。

（2）抗压级别。此外还有管材系列S级，用来表示管材抗压级别，单位为MPa，大部分企业生产的PP-R管材有S5、S4、S3.2、S2.5、S2等级别，其中S5级管材能承载1.25MPa，即能承重12.5kg的水压，以25mm的S5型PP-R管为例，外部25mm，管壁厚2.5mm，长度一般为3m或4m，也可以根据需要定制，价格为8～12元/m。

4. 选购

（1）观察管材与管件的外观，所有管材、管件的颜色应该基本一致，内外表面应光滑、平整，无凹凸、气泡与表面缺陷，不应含有可见杂质，管材与各种管件应不透光。

图8-1 PP-R管

PP-R管专用于自来水供给管道，全面替代了传统的镀锌铁管，在装修中主要用于连通各种用水空间。

图8-2 PP-R管销售展示

PP-R管销售时一般成批次销售，所购买的管件要能与PP-R管相匹配，螺口大小要与PP-R管的管径一致，配套管件也要高品质的。

图8-3 PP-R管管件

图8-1　图8-2
图8-3

图8-4 测量管壁

将游标卡尺的卡钳深入到PP-R管中，夹紧至无缝隙，并得出相应尺寸，一般需人工读取尺寸，精确度较高。

图8-5 软PVC管

软PVC管具备良好的电绝缘性能、柔软性能和良好的着色性能。

图8-6 硬PVC管

硬PVC管抗老化性能好，内壁光滑阻力小，不结垢，无毒、无污染。

图8-7 PVC管安装

PVC管主要用于污水排放管道，安装于装修空间的下部。

图8-4	图8-5
图8-6	图8-7

（2）用测量工具对管材的外径与壁厚进行测量，查看其是否可达标识参数，并检查管壁的均匀程度（图8-4）。

（3）嗅闻管口部位，优质管材不应散发任何异味，同时检查管材接头配件，高品质产品的内螺通常由不锈钢或铜制成。此外，金属部件与管材壁的连接须紧密、均匀，不能存在微小裂缝或歪斜等表面缺陷。

二、PVC管

1. 定义

PVC管全称为聚氯乙烯管，是由聚氯乙烯树脂与稳定剂、润滑剂等配合后，采用热压法挤压成型的塑料管材（图8-5～图8-8）。

2. 特质和应用

PVC管的抗腐蚀能力强、易于黏接、价格低、质地坚硬，适用于输送温度不大于45℃的排水管道。

PVC管还具有较好的抗拉、抗压强度，管壁非常光滑，对水流的阻力很小，管壁内部的抗压性能不高，一般不大于0.3MPa，仅适用于无水压的排水管。

PVC管具有优异的耐酸、耐碱、耐腐蚀性能，不受潮湿空气、水分、土壤酸碱度的影响，管道铺设时不需任何防腐处理（图8-7）。

3. 规格和价格

PVC管的规格有$\phi 40$～$\phi 200$等多种，管壁厚1.5～5mm，较厚的管壁还被加工成空心状，隔声效果较好。

$\phi 40$～$\phi 90$的PVC管主要用于连接洗面台、浴缸等排水设备，$\phi 110$～$\phi 130$的PVC管主要用于连接坐便器、蹲便器等排水设备，$\phi 160$以上的PVC管主要用于横、纵向主排水管连接。

以 $\phi75$ 的PVC管为例材，外部 $\phi75$，管壁厚2.3mm，长度一般为4m，价格为8～10元/m。

4. 选购

（1）对PVC管材的表面色泽进行审视，高质量产品为白色，白度应显著而不至于刺激视觉。接着测量管材外径与壁厚，确保其与标定参数相符。

（2）用脚踩踏管材，若管材能承受压力而不发生破裂或裂开，则为优质产品；用美工刀对管壁进行削切，高质量管材在削切时不会出现阻力分布不匀、截面不平整的现象（图8-9）。

三、铝塑复合管

1. 定义

铝塑复合管又称为铝塑管，具有聚乙烯塑料管耐腐蚀与金属管耐高压的双重优点，是最早替代铸铁管的给水管，具有稳定的化学性质（图8-10）。

2. 特质

铝塑复合管耐腐蚀，无毒无污染，表面及内壁光洁平整，不结垢，重量轻，能自由弯曲。在工作温度不大于60℃、工作压力不大于0.4MPa的条件下，铝塑复合管的使用寿命可达50年（图8-11）。

3. 分类

（1）普通饮用水管。普通饮用水管为白色L标识，适用于生活用水、冷凝水、氧气、压缩空气等。

图8-8 PVC管管件

PVC管还有各种规格、样式的接头管件，价格相对较高，也是一套复杂的产品体系，其管件和PP-R管的管件类似，尺寸同样要控制好。

图8-9 脚踩测试

可以用脚轻轻踩压PVC管材，管材不轻易开裂、破碎的为优质的PVC管材。

图8-10 铝塑复合管

铝塑复合管最高使用温度为110℃，且铝塑管热膨胀系数小，按用途分类可以分为普通饮用水管、耐高温管、燃气管等多种。

图8-11 铝塑复合管地暖安装

铝塑复合管地暖安装时要确保平层已经干透，安装后一定要记得排除多余的气体。

图8-8	
图8-9	图8-10	图8-11

（2）耐高温管。耐高温管为红色R标识，主要用于水温长期不小于95℃的热水及采暖管道系统。

（3）燃气管。燃气管为黄色Q标识，主要用于输送天然气、液化气、煤气的管道系统。

4. 规格和价格

铝塑复合管的常用规格有1216型与1418型两种，其中1216型管材的内径为ϕ12，外径为16mm，1418型管材的内径为ϕ14，外径为ϕ18，长度为50m、100m、200m。1216型铝塑复合管价格为3元/m，1418型铝塑复合管为4元/m。

5. 选购

（1）观察产品外观，优质产品色泽一致，喷码均匀，接口严密且表面无划痕、凹陷、气泡或汇流线等瑕疵。

（2）对铝塑复合管进行裁切，将手指探入管内感受管壁的光滑度，优质产品应无明显纹理或凹凸，且裁切端口不应出现毛边。

（3）使用硬物敲击管材，若其能迅速恢复原形，则可视为优质产品。施工时，应使用专业剪钳对铝塑复合管进行安装，而非锯切等不当方法。

四、铜塑复合管

1. 定义

铜塑复合管又称为铜塑管，是将铜水管与PP-R采用热熔挤制、胶合而成的给水管，内层为无缝纯紫铜管，水与紫铜管完全接触（图8-12、图8-13）。

2. 特质

铜塑复合管适用于各种冷、热水给水管，由于价格较高，还没有全面取代PP-R管。铜塑复合管的规格与PP-R管一致，只是种类不及PP-R管多。

3. 规格和价格

铜塑复合管的外径一般为ϕ20（4分管）、ϕ25（6分管）及ϕ32（1寸管）等。不同厂商的产品管壁厚度均不同，但是管材的抗压性能比PP-R管要高很多。以ϕ25的铜塑复合管为例，管壁厚4.2mm，其中铜管内壁厚1.1mm，长度一般为3m，价格为30元/m。

4. 选购

铜塑复合管的识别选购方法与铝塑复合管一致，施工应采用弯管器，安装方式一般采取焊接式，这与PP-R管的焊接方式相同，铜塑复合管在接口处通过氧焊将管材与接头连接在一起，不会轻易发生渗漏。此外，压接是一种新的安装技术，施工时需要特殊工具，安装简单，抗漏水性能与焊接工艺不相上下。

图8-12 | 图8-13

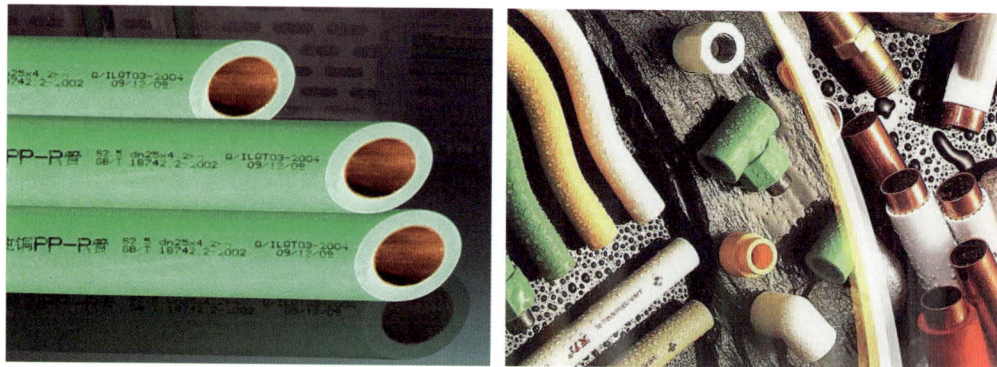

图8-12 铜塑复合管

铜塑复合管的外层为PP-R，保持了PP-R管的优点，铜塑管与PP-R管的安装工艺相同，施工便捷。

图8-13 铜塑复合管与配套管件

铜塑复合管具备一定的抑菌能力，同时导热性能也十分优异，但价格较高，其相关配件的尺寸应提前确定好。

铜塑复合管目前现状

由于国情原因，PP-R管在我国的应用率较高。而西方国家多使用铜质水管，其更能确保水质安全，同时具备一定的杀菌和抑菌功能，但其价格高昂、安装复杂，且散热能耗较大，导致在我国应用有限。铜塑管作为一种创新性复合管材，将铜与PP-R相结合，具有较低的成本与较高的安装便利性，其性能基本可与铜水管相媲美，可看作我国未来管道材料发展的新趋势。

五、不锈钢管

1. 定义

不锈钢管是采用不锈钢制作的给水管材，是目前最高档的给水管，可直接用于饮用水输送，目前，我国的不锈钢管刚刚开始流行，在各种材质水管的性能价格比中，最优的是不锈钢水管，可以用于各种冷水、热水、饮用水、空气、燃气等管道系统（图8-14）。

2. 特质

不锈钢管与铜管相比，内壁更为光滑，在流速高的情况下不腐蚀，长期使用不会积垢，不易被细菌粘污，更能杜绝自来水的二次污染，它的保温性也是铜管的20倍。

不锈钢管表面薄而致密的富铬氧化膜，使不锈钢管内的水质具有良好的耐腐蚀性，使用寿命可达100年。

3. 规格和价格

不锈钢管的规格表示为外径（DN）与壁厚（EN），单位为mm。不锈钢管的外径一般为ϕ20（4分管）、ϕ25（6分管）、ϕ32（1寸管）、ϕ40（1.2寸管）、ϕ50（1.5寸管）、ϕ65（2寸管）等，其每种规格管材的内壁厚度也有多种规格。

不锈钢管长度为6m，以ϕ25mm（6分管）的镀锌管为例，其内壁厚度有0.8mm、1mm等多种，其中壁厚1mm的产品抗压性能可以达到3MPa，价格为30~40元/m。此外，不锈钢管还有各种规格、样式的接头管件，价格相对较高（图8-15）。

4. 选购

（1）观察管材管件内外表面，应光滑、平整，无凹凸，无气泡与其他缺陷，测量管材、管件的外径与壁厚，应与管材表面标识参数一致，尤其要注意不锈钢管的壁厚是否均匀。

（2）仔细观察配套接头管件，不锈钢管的接头管件应当为固定配套产品，且为同等型号的不锈钢，每个接头管件均有塑料袋密封包装。

（3）可以用手指伸进管内，优质管材的管口应当光滑，没有任何纹理或凸凹，裁切管口应无毛边。

（4）不锈钢管的安装一般采取压接工艺，施工时需要使用特殊工具，安装简单，抗漏水性能不错（图8-16）。

图8-14 不锈钢管
不锈钢管与铜管相比，内壁更为光滑，通水性更高，在流速高的情况下不腐蚀，长期使用不会积垢。

图8-15 不锈钢管管件
不锈钢相关管件依据不锈钢管内径尺寸不同，其尺寸选择也会有所不同，在安装时一定要注意辨别。

图8-16 不锈钢管剪钳
不锈钢管剪钳使用方便，有效提高了施工效率，也使得施工更简单。

六、编织软管

1. 定义

编织软管是采用橡胶管芯，在外围包裹不锈钢丝或其他合金丝制成的成品给水管。编织软管两端预制加工成螺口，可以直接安装在各种水龙头、用水设备、管道接口上，使用方便。

2. 规格和价格

编织软管的规格一般以长度来判断，主要有400~1200mm多种，间隔100mm为一种规格，其外径为18mm左右，具体测量数据根据产品质量存在一定偏差。常用长600mm编织软管价格为10~15元/支。

3. 选购

（1）观察管身表面的编织效果，优质产品不跳丝、不断丝、不叠丝，编织样式交织的密度越高越好。

（2）观察螺帽、内芯是否为纯铜配件，铜螺帽的工艺是否是经过抛光镀铬，表面是否有毛刺，其冲压效果是否粗糙等（图8-17、图8-18）。

（3）仔细闻编织软管的两端是否会发出刺鼻性气体。

★ 小贴士

编织软管的构成

（1）内管：常采用的材料为丁腈橡胶、PVC、EPDM等。编织软管的内管主要采用丁腈橡胶与PVC混塑而成。

（2）外层：采用8股φ8的304不锈钢丝编织而成，密度≥20匝/40mm。

（3）螺母及内芯：采用HPb59优质黄铜经冲压、机加工等工艺制成，螺母表面经镀铬处理。

（4）连接套：采用HPb62~HPb65的铜片制成，表面经镀铬处理。

（5）密封垫片：采用厚度4.5mm丁腈橡胶平面密封垫片。

七、不锈钢波纹管

1. 定义

不锈钢波状管又称不锈钢软管，具备较强的柔性和耐压性。不锈钢材料经过冲压后形成不规则波状结构，其独特的转折角度允许管体灵活弯曲，便于连接给水管道接头与用水设施，弥补固定管道的长度不足、连接错位等问题，可代替传统编织软管（图8-19）。

图8-17 观察材质

可以仔细观察编织软管的管口，螺母、内芯为纯铜配件，铜螺母的工艺经过抛光镀铬，表面无毛刺，且冲压效果优异的为优质的编织软管。

图8-18 弯曲管身

用手将编织软管弯曲，观察其弯曲性能，优质产品弯曲有一定阻力，但是不影响施工，且弯曲后能迅速还原，管材不会产生任何变形、收缩及断裂现象。

图8-19 包塑不锈钢波纹管

包塑不锈钢波纹管是在常规不锈钢波纹管表面包裹了一层彩色阻燃聚氯乙烯材料，并以此来提高管材的耐候性。

图8-17 | 图8-18 | 图8-19

2. 特质

不锈钢波纹管具有良好的柔软性、耐蚀性、耐高温、耐磨损、抗拉性，并能提供优良的电磁屏蔽性能。

3. 规格和价格

不锈钢波纹管的规格一般以长度来判断，主要有200~1000mm多种，间隔100mm为一种规格，其外径为18mm左右，具体测量数据根据产品质量存在一定偏差。常用长500mm的不锈钢波纹管价格为15~30元/支。

4. 选购

（1）在评估管材编织质量，高质量产品不应出现跳丝、断丝或叠丝现象，且编织样式的交织密度越高表明产品质量越优良。

（2）检查螺帽与内芯是否采用纯铜制成。同时考察铜螺帽加工工艺，是否经过抛光镀铬处理，表面是否光滑无毛刺，其冲压工艺是否精细。

（3）用手弯曲不锈钢波纹管，优质管材在弯曲时会表现出一定的阻力，且弯曲后能保持形状，不会恢复。波纹管的节距过渡应自然流畅，弯曲时不会出现变形、收缩或断裂等不良现象（图8-20）。

八、水龙头

1. 定义

水龙头又称为水阀，是用来控制水流的开关、大小的装置，具有节水功效，在装修中，水龙头的使用频率最高（图8-21）。

2. 三角阀

（1）定义。三角阀是用于给水软管上游的小型水龙头，也是用于控制分支用水设备的水流开关（图8-22）。

（2）特质。当水压过小或过大时，可以适度调节三角阀。如果水龙头、给水软管、用水设备损坏时，可以将三角阀关闭后检修，不必触动总水阀，不影响其他用水设备。

（3）规格。三角阀的内部管径为ϕ15，外径为ϕ20（4分管）或ϕ25（6分管），适用水压力不大于1MPa、水温不大于90℃的冷热水。

（4）价格。三角阀价格一般为20~30元/件，少数高档品牌产品价格高达100元/件以上。

3. 选购

（1）注意观察外观，水龙头外表面一般经过镀铬处理，优质产品表面应呈乌亮如镜，色泽均匀，用手摸无毛刺、砂粒（图8-23）。

（2）水龙头的主要部件一般由黄铜铸造，表面电镀层不易腐蚀（图8-24）。

图8-20 │ 图8-21 │ 图8-22

图8-20 扭曲管身

不锈钢波纹管能自由弯曲成各种角度与曲率半径，在各个方向上均有同样的柔软性与耐久性，管材弯曲后其形体不会自动还原。

图8-21 水龙头销售

水龙头门类丰富，价格差距很大，普通产品价格范围从50~200元不等，高档产品甚至达到上千元。

图8-22 三角阀

三角阀表面有蓝色标记的为冷水阀，有红色标记的为热水阀，两种产品材质相同，标记不同颜色的目的是为了区分冷暖，便于安装、检修识别。

图8-23 触摸表面

用手指按一下龙头表面，指纹能很快散开的为优质品。

图8-24 观察管内

用小手电筒照射水龙头内部，观察内部材质的颜色，颜色纯正的为优质品。

图8-25 转动管身

取水龙头，转动水龙头手柄与管身，感受转动的难易程度，优质品应感到轻便、无阻滞感。

图8-23 | 图8-24 | 图8-25

（3）优质水龙头为陶瓷阀芯，开启、关闭迅速，温度调节简便（图8-25）。

九、水路材料一览表（表8-1）

表8-1   水路材料一览表

名称	图例	性能特点	用途	价格
PP-R管		质地柔软，管身可自由弯曲，结构简单且能抗压，但易老化，价格中等	室内外供水管道连接	ϕ25mm，S5型，8~12元/m
PVC管		质地较硬，耐候性好，不变形，不老化，施工方便，结构简单	室内外排水管道连接	ϕ75mm，管壁厚2.3mm，8~10元/m
铝塑复合管		能随意弯曲，可塑性强，抗压性较好，散热性较好，价格低廉	室内外供水管道，供暖管道连接	1216型，3元/m；1418型，4元/m
铜塑复合管		无污染，健康环保，节能保温，安装复杂，连接紧密，价格昂贵	室内外供水管道，直饮水管道连接	ϕ25mm，管壁厚4.2mm，内壁厚1.1mm，30元/m
不锈钢管		环保度高，装饰效果好，耐腐蚀好，保温性好	室内外供水管道，直饮水管道连接	ϕ25mm，壁厚1mm，30~40元/m
编织软管		具备均匀的质地和卓越的抗压性能、施工过程环保便捷，结构简单且成本较低	供水管道终端连接用水设备	长600mm，10~15元/支
不锈钢波纹管		质地较硬，可任意弯曲，抗压性能强，结构简单，耐候性好，价格较高	供水、供气管道终端连接用水、用气设备	长500mm，15~30元/支

第二节　水路布置施工

水路施工比较复杂，属于隐蔽施工项目，主要施工内容为给水管施工、排水管安装。

一、给水管施工

1. 施工方法

首先，检查施工现场，找到给水管入口位置，并按照设计要求进行放线定位；然后，在墙地面开凿用于穿管的孔洞及暗槽，依照其尺寸对水管进行下料和预装；接着，检查管道布局并进行热熔连接作业，利用预埋件及支撑架固定管材；最后，对给水管道进行压力测试，之后使用水泥砂浆对孔洞和暗槽进行修补完善（图8-26～图8-34）。

2. 施工要点

给水管安装前还要清理管道内部，保证管内清洁无杂物，水路开槽应该保证暗埋的管道在墙内、地面内不外露。冷热水管安装应左热右冷，平行间距应不小于200mm，明装热水管穿墙体时应设置套管，套管两端应与墙面持平。

图8-26　切割机开槽

图8-27　电锤钻孔安装连接件

图8-28　PP-R管经过热熔后连接

图8-29　给水管最好布置在吊顶上方

图8-30　暗装管道布置要符合逻辑

图8-31　明装管道要放线定位

图8-32　管线槽需要1：3水泥砂浆封闭

图8-33　水管布置完后要打压测试

图8-34　水压不低于0.6MPa

墙体
钢钉固定
配套固定圈
PP-R管
1:3水泥砂浆填补

图8-35 给水管安装构造

此为给水管安装施工构造示意图，施工时注意开槽深度应大于管径20mm，管道试压合格后，墙槽应用1:3水泥砂浆填补密实，其覆盖厚度应不小于10mm。

图8-36	图8-37
图8-38	图8-39
图8-40	

图8-36 施工前画线定位

图8-37 胶黏剂连接管道

图8-38 PVC管安装

图8-39 悬空管道需用水泥砖块固定

图8-40 PVC管安装构造

PVC管安装构造示意图很明确地标示了上置排水管和下置排水管施工时各构件之间的关系，施工前应了解清楚。

洗面盆排水管
地漏排水管
坐便器排水管
固定支架
楼板
竖向主排水管
三通接头
防火圈

(a) 下置排水管

洗面盆排水管
地漏排水管
坐便器排水管
固定支架
细砖渣填平
竖向主排水管
三通接头
防火圈
楼板

(b) 上置排水管

管道布局应横平竖直，各类阀门的安装位置应正确且平正，整齐美观，便于使用和维修。不大于20mm的给水管道固定管卡的位置应在转角、水表、水龙头、三角阀及管道终端的100mm处，PP-R管安装完成后应进行水压试验，给水管道试验压力应不小于0.6MPa（图8-35）。

二、排水管施工

1. 施工方法

首先，检查施工现场，找到排水管出口位置，并按照设计要求进行放线定位；接着，在地面进行管道尺寸的测量，对给水管道进行下料与预装；接着，检查管道布局并正式胶接，利用预埋件及支撑架结构确保排水管道的稳固性；最后，进行灌水试验来检测排水管道的性能，观察其是否漏水，管道局部可用水泥加固，下沉空间需利用细砖碎片进行回填（图8-36~图8-40）。

2. 施工要点

安装PVC排水管应注意管材与管件连接件的端面一定要清洁、干燥、无油，去除毛边和毛刺。量取管材长度后，对管材进行切割，两端切口应保持平整，挫除毛边并作倒角处理，倒角不宜过大。

图8-41 管道布置应尽量简洁

简洁的管道布置有助于更有效地施工，也能减少水管交叉的尴尬。

图8-42 PVC管防火圈

PVC管穿越墙体时要在外围套上金属管，穿越混凝土楼板时要增加防火圈。

图8-43 单股电线

图8-44 单股电线卷

黏接前必须进行试组装，清洗插入管的管端外表约50mm长度与管件承接口内壁，再用涂有丙酮的棉纱擦洗，然后在两者黏接面上用毛刷均匀地涂上胶黏剂，不能漏涂。涂毕即旋转到理想的组合角度，将管材插入管件的承接口，用木槌敲击，使管材全部插入，及时擦去接合处挤出的胶黏剂。

管道安装时，必须按不同管径的要求设置管卡或吊架，位置应正确，埋设要平整，管卡与管道接触应紧密，但不能损伤管道表面。采用金属管卡或吊架时，金属管卡与管道之间应采用橡胶等软物隔垫（图8-41、图8-42）。

★ 补充要点

紫铜管

紫铜管可进行自由的弯曲、变形，可被加工成各种形状的弯头和接头，其光滑的表面在任何角度的弯曲下都不会被影响。紫铜管安全性能好，不会渗漏、助燃和释放有毒气体，耐腐蚀性强。此外，紫铜管重量轻，导热性好且耐腐蚀，这些优势使得紫铜管成为现代给水管道、供暖以及制冷管道的理想选择。

第三节　电路材料

电路材料主要是指各种电线与配套产品，电缆一般有2层以上绝缘层，为多芯结构，长度一般大于100m/卷。完整的电线布设主要由导体、绝缘层、屏蔽层与保护层4部分组成，导体是电线电缆的导电部分，用来输送电能；绝缘层是将导体与其他物质彼此隔离，保证电能安全输送；屏蔽层主要用于信号线的外围包裹，能有效防止电源信号不受干扰；保护层是保护电线免受外界损坏。

一、单股电线

1. 定义

单股电线即单根电线，普通单股电线一般只有导体与绝缘层，护套电线会增加保护层，而信号线根据不同功能带有屏蔽层（图8-43、图8-44）。

2. 规格

单股电线的粗细规格一般按铜芯的截面面积来划分，普通照明用线选用1.5mm²，插座用线选用2.5mm²，大功率电器设备的用线选用4mm²，超大功率电器可选用6mm²以上的电线。

3. 价格

1.5mm²的单股单芯线价格为100～150元/卷，2.5mm²价格为200～250元/卷，4mm²价格为300～350元/卷，6mm²价格为450～500元/卷，每卷均为100m。此外，为了方便施工，还有单股多芯线可选择，其柔软性较好，同等规格价格要高10%左右。

4. 选购

（1）单股电线外表光滑无泡，具有一定弹性。剥除外皮后，铜芯呈现出明亮的金属光泽，电线柔韧度高，不易折断。

（2）高品质电线通常为紫红色的铜芯，表面光洁，而劣质电线的铜芯颜色可能偏紫黑、偏黄或偏白，杂质含量较高，物理韧性较差，轻微施力或反复弯折即可导致断裂。

（3）对电线绝缘层进行燃烧测试，高品质电线不易燃，火焰移开后能够自行熄灭，而伪劣电线在接触火焰时就会迅速燃烧，且在移开火焰后仍持续燃烧，同时散发出刺鼻的气味。

二、护套电线

1. 定义

护套电线是在单股电线的基础上增加了1根同规格的单股电线，即成为1个独立回路，这2根单股电线即为1根火线（相线）与1根零线，部分产品还包含1根地线，外部包裹有PVC绝缘套统一保护（图8-45、图8-46）。

2. 外观特色

护套电线外部都标有字母，分别代表不同意义，如ZR（阻燃）、NH（耐火）、WDZ（低烟无卤）、TH（湿热地区用）等；又如BVVR表示铜芯电线（B）、聚氯乙烯绝缘（V）、聚氯乙烯护套（V）及软质（R）等。

3. 规格和价格

1.5mm²的护套电线价格为300～350元/卷，2.5mm²价格为450～500元/卷，4mm²价格为800～900元/卷，6mm²价格为1000～1200元/卷，每卷100m。护套电线的识别选购方法与单股电线一致。

三、电视线

1. 定义

电视线又称为视频信号传输线，是用于传输视频与音频信号的线材，一般为同轴线（图8-47）。

2. 型号

电视线的一般型号为SYV75－X，其中S表示同轴射频，Y表示聚乙烯，V表示聚氯乙烯，75表示特征阻抗，X表示其绝缘外径，如3mm、5mm，数字越大线径越粗，且传输距离越远。例如，SYV75－3能正常工作的传输距离为100m，SYV75－5为300m，SYV75－7为500～800m，SYV75－9为1000～1500m。

图8-45 护套电线

护套电线安装时可以直接埋设到墙内，使用方便，无需组建回路，也不需要外套PVC管，适用于中小型空间快速装修。

图8-46 护套电线卷

护套电线和单股电线一样，都以卷为计量，具体规格和实际应用都与单股电线一致。

图8-47 电视线

电视线的质量优劣直接影响电视的收看效果，铝丝的根数，直接决定了传送信号的清晰度与分辨率。

图8-45 | 图8-46 | 图8-47

3. 价格

目前，常用的型号一般是SYV75-5，128编的价格为150~200元/卷，每卷100m。

4. 选购

注意电视线的编制层是否紧密，越紧密说明屏蔽功能越好，电视信号也越清晰；也可以用美工刀将电视线划开，观察铜丝的粗细，铜丝越粗，其防磁、防干扰性能越好。

四、音箱线

1. 定义

音箱线又称音频线、发烧线，是用来传播声音的电线，由高纯度铜或银作为导体制成，主要用于播放设备、功放、主音箱、环绕音箱之间的连接（图8-48、图8-49）。

2. 规格

常见的音箱线由大量铜芯线组成，一般为100~350芯，其中使用最多的是200芯与300芯音箱线，200芯就能满足基本需要，如果对音响效果要求很高，要求声音异常逼真等，可以选用300芯音箱线。

3. 价格

音箱线在工作时要防止外界电磁干扰，需要增加锡与铜线网作为屏蔽层，屏蔽层一般厚1~1.3mm。常用的200芯纯铜音箱线价格为5~8元/m。

4. 选购

（1）选择音箱线材料时不能盲目追求高纯度材料，这类材料成本较高且实际效果并不显著。目前市面上的音箱线多采用合金材质，可以在一定程度上调整音色，从而优化音质表现。

（2）选择音箱线时，还须考虑音箱与功放的相对位置。功放通常置于左、右声道音箱的中央位置，确保音频输出的平衡性。因此，两个声道的音箱线长度应一致，理想长度为2~3m，避免因线长差异带来的声音延迟和相位差。

（3）主音箱的音箱线建议在300芯以上，环绕音箱可以使用200芯左右的线材。若需暗埋音箱线，要将其穿入PVC管内进行埋设，避免直接埋入墙体。

★ 小贴士

音箱线

音箱线用于连接功放与音箱，其中流通的电流信号远大于前面所说的视频线与音频线，正因为信号幅度很大，这类线往往没有屏蔽层，对于这种线材，关键是要降低电阻，因为现代功放的输出阻抗很低，所以对音箱线的要求也随之增高，如选用截面积大的或多股绞合线。

图8-48 | 图8-49

图8-48 音箱线

音箱线由电线与连接头两部分组成，其中电线一般为双芯屏蔽电线，成卷包装。

图8-49 音箱线接头

音箱线常见连接头有RCA（莲花头）、XLR（卡农头）及TRS JACKS（插笔头）。

图8-50 | 图8-51 | 图8-52 | 图8-53

图8-50 双绞线

双绞线是最常用的传输介质，它采用一对彼此绝缘的金属导线互相绞合来抵御外界电磁波干扰。

图8-51 成品网路线

非屏蔽双绞线多为较短的成品网路线，接头制作精美，一般需要专用工具加工制作。

图8-52 网路线文字标识

优质产品外层表皮上的印刷文字非常清晰，没有锯齿状，伪劣产品的印刷质量较差，字体不清晰，或呈严重锯齿状。

图8-53 触碰网络线

用手触摸网路线，优质产品采用铜材作为导线芯，质地较软，伪劣产品在铜材中添加了其他金属元素，导线较硬，不易弯曲，使用中容易产生断线。

五、网路线

1. 定义

网路线是指计算机连接局域网的数据传输线，在局域网中常见的网线主要为双绞线，典型的双绞线有4对。

2. 分类

（1）双绞线可分为屏蔽与非屏蔽两种类型，屏蔽双绞线电缆由铝箔材料包裹，旨在降低电磁辐射，但无法完全消除，且成本较高（图8-50）。

（2）非屏蔽双绞线直径小，能节省空间，在重量、弯曲性、安装便捷性及阻燃性等方面都表现出优势，能够降低或消除近端串扰（图8-51）。

3. 应用和价格

目前运用最多的网路线是超5类线与6类线，超5类线衰减小，串扰少，性能得到很大提高，主要用于千兆位以太网（1000Mbit/s）；6类线的电缆的传输频率为1～250Gbit/s，它提供2倍于超5类线的带宽，6类线的传输性能远高于超5类线标准，最适用于传输速率大于1Gbit/s的应用。目前常用的6类线价格为300～400元/卷。

4. 选购

（1）要辨别正确的标识，超5类线的标识为cat5e，带宽155M，是目前的主流产品；六类线的标识为cat6，带宽250M，用于千兆网（图8-52）。

（2）可以用美工刀割掉部分外层表皮，使其露出4对芯线，优质产品绕线密度适中，呈逆时针方向，伪劣产品绕线密度很小，方向也凌乱（图8-53）。

（3）可以用打火机点燃，优质产品外层表皮具有阻燃性，伪劣产品一般不具有阻燃性，不符合安全标准。

六、PVC 穿线管

1. 定义

PVC 穿线管是采用聚氯乙烯（PVC）制作的硬质管材，它具有优异的电气绝缘性能，且安装方便，适用于装修工程中各种电线的保护套管，使用率达90%以上（图8-54）。

2. 规格和价格

为了在施工中有所区分，PVC穿线管有红、蓝、绿、黄、白等多种颜色，其中ϕ20的中型PVC穿线管价格为1.5～2元/m，为了配合转角处施工，还有PVC波纹穿线管等配套产品，价格低廉，价格为0.5～1元/m（图8-55）。

3. 选购

（1）根据施工面积选购。PVC穿线管的选购方法与PVC排水管类似，只是应根据施工要求来

图8-54 | 图8-55

图8-54 PVC穿线管

PVC穿线管的规格有很多种,内壁厚度一般应不小于1mm,长度为3m或4m。

图8-55 PVC波纹穿线管

PVC波纹穿线管具有很好的阻燃性,可选用同等规格的波纹管用于转角处。

选购,如果装修面积较大,一般在地面上布线,要求选用强度较高的重型PVC穿线管,如果装修面积较小,一般在墙、顶面上布线,可以选用普通中型PVC穿线管。

(2)根据施工区域选购。在转角处除了采用同等规格与质量的PVC波纹穿线管外,还可以选用转角、三通、四通等成品PVC管件,在混凝土横梁、立柱处转角时,可以局部采用编织管套。如果穿线管的转角部位很宽松,还可以使用弯管器直接加工,这样能提高施工效率。

★ 小贴士

进行电改施工时,应避免产生之后无法拽动的"死线"。

(1)优先选用穿线管进行埋线。

(2)走线时应遵循"两点之间最短距离走线"的原则,避免无故绕线,这样不仅可能导致死线的形成,还会增加电改投入。

(3)每个穿线管内不应容纳过多电线,线穿设完成后需进行轻拉,确认其可以顺畅移动。

(4)对于存在接头的线路,必须在接头位置设置暗盒及扣面板,便于未来维修。

(5)对于直径小于25mm的PVC穿线管,拐弯处应使用弯管器,不能用弯头拐弯,直角死弯易造成死线。

七、接线暗盒

1. 定义

接线暗盒是采用聚氯乙烯(PVC)或金属制作的电路连接盒,由于现代电路布设都采取暗铺装的方式施工,接线暗盒一般都需要进行预埋安装(图8-56、图8-57)。

2. 规格和价格

常用的接线暗盒有86型、120型等其他特殊功能暗盒,此外,还有一些特制专用暗盒,仅供其配套产品使用,如空气开关暗盒,施工时应根据不同环境选用不同材质的暗盒。常用的86型PVC暗盒价格为1~2元/个,具体价格根据质量而不同。

3. 选购

(1)看外观。优质产品的外观通常为白色或米色,质地均匀光滑,具备适度的弹性且不变形(图8-58、图8-59)。

(2)闻气味。用打火机点燃接线暗盒,合格产品无刺鼻气味,移开火源后能自行熄灭。

(3)看材质。高品质暗盒常采用螺纹铜芯外包绝缘材料作螺钉口,避免在使用时滑动。

(4)看颜色。呈褐色、黑色或灰色的产品常由返炼胶制成,若暗盒表面有不规则花纹,则表明产品杂质较多，应避免购买此类产品。

八、空气开关

1. 定义

空气开关又称为空气断路器，是指开关触头在大气压力下能分合的断路器，其绝缘介质为空气。空气开关目前被广泛用于500V以下的交、直流电路中，主要起到接通、分断、承载额定工作电流与故障电流的作用（图8-60、图8-61）。

2. 规格和价格

空气开关的规格与标识比较复杂，目前常用的空气开关有C10、C16、C20、C25、C32等规格，一般而言，1.5mm²的电线配C10空气开关，2.5mm²的电线配C16或C20空气开关，4mm²的电线配C25空气开关，6mm²的电线配C32空气开关。如果常规电线规格太小，应给大功率电器配专用线。常用的小型空气开关，如DZ47C25空气开关的价格为10～20元/个。

3. 选购

（1）优质空气开关的外壳应坚硬、牢固，棱角锐利，接缝处紧密、均匀、自然，用手开启、关闭开关，阻力较强，声音干脆且浑厚，无任何松动感。

（2）空气开关背后的接线卡口为纯铜材料，质地厚实，仔细闻空气开关的各部位，优质产品应无任何刺鼻气味。

（3）由于空气开关的型号、规格很多，具体购买型号应根据电路施工员的要求来确定，不能凭主观臆想购买，避免型号、规格不对造成不必要的浪费。

★ 补充要点

空气开关常规检测：

在评估空气开关功能的正常性时，建议由具备专业知识的工程师采用漏电相位检测设备进行精确检测。在空气开关处于标准的保护模式下，检测过程会引发各个独立电路的空气开关逐

图8-56 PVC接线暗盒

接线暗盒主要起到连接电线、过渡各种电器线路及保护线路安全的作用，PVC材质的暗盒其绝缘性能更好，使用面更广。

图8-57 金属接线暗盒

不同材质的接线暗盒不宜进行混合使用，金属材质的暗盒主要用于接地型插座，其防火、抗压性能良好。

图8-58 脚踩暗盒

将暗盒放在地上，用脚踩压不变形，也不会出现断裂的为优质品。

图8-59 拉扯暗盒

一般伪劣材料质地较粗糙，且边角部位毛刺较多，用力拉扯暗盒侧壁容易变形或断裂。

图8-60 空气开关

当电路内发生过负荷、短路、电压降低或消失时，空气开关能自动切断电路，保护用电设备。

图8-61 空气开关安装

空气开关应当控制不同的电路，安装时应小心谨慎，避免出现漏电事故，安装后要进行通电试验。

一跳闸，同时漏电保护装置也会相应地启动跳闸机制。反之，若空气开关功能异常，则仅表现为主开关的跳闸，而不会触发个别空气开关或漏电保护器的跳闸反应。

九、开关插座面板

1. 定义

开关插座面板是控制电路开启、关闭的重要构造，是电路材料的重点，开关插座面板价格相差很大，品牌繁多，从产品外观上看并没有多大区别，但是内部质量相差却很大。

2. 分类

（1）普通开关插座。普通开关插座的运用最多，主要分为常规开关、常规插座、开关插座组合等多种形式。

1）规格。在现代装修中多采用暗盒安装，普通开关插座面板的规格为86型、120型，其中86型是国际标准，即面板尺寸约86mm×86mm，120型面板一般都采用模块化安装，即面板尺寸约120mm×60mm或120mm×120mm，可以任意选配不同的开关、插座组合（图8-62、图8-63）。

2）价格。开关的价格差距很大，常规86型单联单控开关价格为10~20元/个。

3）插座。插座一般有2孔、3孔、5孔等，由于多功能插座的孔比较大，为了使用安全，一般都设有保护门，里面的金属部件被塑料片遮挡，起到安全保护作用（图8-64）。

（2）智能开关。智能开关是指能接受各种感应信息，经过内置芯片分析后控制开启、关闭的开关装置，主要分为红外感应开关、声音感应开关、触摸感应开关、遥控开关4种。

1）红外感应开关。红外感应开关是当有人从红外感应探测区域经过而能够自动开启、关闭的开关（图8-65）。

2）声音感应开关。声音感应开关又称为声控开关，是利用声响效果激发拾音器进行声电转换，控制用电设备自动开启、关闭的开关（图8-66）。

3）触摸感应开关。触摸感应开关又称为轻触开关，是依靠人体手指、皮肤轻触即可控制照明或电器设备开启、关闭的智能开关，以上3种开关价格一般为20~30元/个，集成多种照明、电器，甚至带有遥控功能的品牌产品价格较高，一般为100~200元/个（图8-67）。

4）遥控开关。遥控开关是采用无线遥控技术来控制照明与电器设备开启、关闭的开关，

图8-62 | 图8-63 | 图8-64
图8-65 | 图8-66 | 图8-67

图8-62 开关插座面板正面

开关的种类很多，一般应根据空间位置与使用习惯来选择，如调光开关、触摸延时开关、调速开关、数控开关、拉线开关、智能开关及多功能开关等。

图8-63 插座面板背面接线端子

普通开关插座背后都有接线端子，常见有传统的螺丝端子与速接端子两种，前者需要螺丝刀固定，后者采用弹簧夹住电线，简单方便且不会脱落。

图8-64 插座

插座内的夹片为铜质，多以强力挤压的方式与插头紧密结合，使插头不易脱落，还可消除长时间使用发热的问题，能有效减少断电事故的发生，常规86型3孔插座价格为10~20元/个。

图8-65 红外感应开关

红外感应开关一般用于面积较小且功能单一的空间，主要用来控制照明、换气等常规电器设备，能做到人到灯亮，人离灯熄，安全节能。

图8-66 声音感应开关

声音感应开关可以当人在附近发出声响，如跺脚、喊叫等时，立即开启灯光或电器设备。

图8-67 触摸感应开关

触摸感应开关使用方便，一般用于入户玄关处，近几年使用频率有所增多。

图8-68 ｜ 图8-69 ｜ 图8-70

图8-68 遥控开关

遥控开关除了用于常规照明外，还可用于大门开关，整体价格较高，为100~200元/个。

图8-69 地面插座

地面插座内一般具有多个插座，可多路接线、功能多、用途广、接线方便。常用插座模块为120型，可安装各种常规电源插座、电视插座、网线插座、音箱插座、电话插座等。

图8-70 观察拨片

优质产品的内部插片或拨片应为紫铜，颜色偏红，质地厚重。如果材质黄中泛白，则表明含铜量较低，甚至有可能是以铁充铜。

通过遥控器操作，按下遥控器上的按键0.5秒左右，即可控制开关。在使用中，遥控开关可能受到环境影响而不能正常使用，如发射功率、距离、阻挡物等（图8-68）。

（3）地面插座。地面插座是专用于地面安装的插座，一般为多功能插座，地面插座盒内安装有多个插座的面板，面板固定在基座盖套里，其总体高度可调（图8-69）。

1）规格和价格。地面插座一般安装在空间面积较大的地面上，如客厅茶几下部，商场柜台下部等，方便各种电器设备随时取电，地面插座的表面规格为120mm×120mm，地面暗盒规格为100mm×100mm×55mm，一般采用金属暗盒，常用的5孔电源地面插座价格为60～100元/个。

2）选购。高质量面板常选用PC材质（防弹胶）制作，呈象牙白色，普通产品多采用ABS材料（工程塑料），色泽苍白，低劣产品则使用普通塑料制作，颜色偏灰暗；高品质产品在开关时具有一定的阻力，而普通面板有时会出现开关无法完全闭合的情况，可用磁铁进行鉴别，若磁铁能够吸附，则说明该产品使用的是铁片，反之则为镀铜铁片，易变黑生锈（图8-70）。

十、电路材料一览表（表8-2）

表8-2　　　　　　　　　　　　　　电路材料一览表

名称	图例	性能特点	用途	价格
单股电线		结构简单，色彩丰富，施工成本低，价格低廉	照明、动力电路连接	长100m，1.5mm^2，100～150元/卷，2.5mm^2，200～250元/卷
护套电线		结构简单，色彩丰富，使用方便，价格较高	照明、动力电路连接	长100m，1.5mm^2，300～350元/卷，2.5mm^2，450～500元/卷
电视线		结构复杂，具有屏蔽功能，信号传输无干扰，质量优异	电视信号连接	长100m，128编，150～200元/卷

名称	图例	性能特点	用途	价格
音箱线		传输的信号为模拟信号，相比电视线，其传递的声音清晰度和质量较高	音箱信号连接	长100m，200芯，5~8元/m
网路线		结构复杂，单根截面较细，质地单薄，传输速度较快	网络信号连接	长100m，6类线，300~400元/卷
PVC穿线管		表面光洁，施工快速，具有较高的硬度和强度，能抵抗一定的外在压力	各种电线、电路外套保护	φ20mm中型管，1.5~2元/m；φ20mm波纹管，0.5~1元/m
接线暗盒		安全、实用性强	连接电线及各种电器线路的过渡，保护线路安全	86型，PVC暗盒，1~2元/个
空气开关		能自动切断电源，保护用电设备	接通、分断、承载额定工作电流和故障电流	Dz47-C25，10~20元/个
开关插座面板 — 普通开关插座		实用性高，使用频率高	控制电路开启、关闭	86型单联单控开关，10~20元/个
开关插座面板 — 智能开关 — 红外感应开关		安全，节能	控制开关开启和关闭	20~30元/个
开关插座面板 — 智能开关 — 声音感应开关		安全，方便，节能	控制开关开启和关闭	20~30元/个

名称		图例	性能特点	用途	价格
开关插座面板	智能开关 触摸感应开关		安全，方便，节能	控制开关开启和关闭	20～30元/个
	智能开关 遥控开关		安全，方便，节能	控制常规照明及大门开关等	100～200元/个
	地面插座		功能多，用途广，接线方便	专用于地面安装插座	5孔电源地面插座，60～100元/个

第四节　电路布置施工

电路施工注重安全性，施工前要经过准确计算，绘制电路施工图，明确电路分配方式，主要施工内容为电线布设施工、开关插座面板安装。

一、电线布设施工

1. 施工方法

首先，根据完整的电路施工图现场草拟布线图，放线定位，用铅笔在墙面上标出线路终端插座、开关面板的位置，对照图纸检查是否有遗漏；然后在空间界面上开线槽，埋设暗盒及敷设PVC电线管，将单股线穿入PVC管；接着安装空气开关、各种开关插座面板、灯具，并通电检测；最后，根据现场实际施工状况完成电路竣工图，备案并指导进一步施工（图8-71～图8-78）。

2. 施工要点

布线时，电源线置于上方，信号线置于下方，管线走向横平竖直，避免出现交叉。在运用切割机开槽时，槽深需保持一致，应超出PVC管材直径10mm，PVC管应用管卡进行固定，所有接头均需使用配套产品，并用PVC胶黏剂进行牢固黏合。

管线长度超过15m或存在两个以上直角弯时，须增设拉线盒。盒内线头应预留约150mm的余量，绝缘带的包缠需紧密。保护地线应采用截面积为2.5mm² 的双色软线，导线间及对地间电阻需大于0.5Ω。

电源线与信号线不宜穿过同一根管，两者至少保持300mm的水平间距。电线与暖气、热水、煤气管之间的平行距离也应不小于300mm，而交叉距离则不应低于100mm（图8-79）。

图8-71 按照设计要求放线定位

图8-72 地面切割线槽要保持平整

图8-73 墙面切割线槽深度需一致

图8-74 地面管线分配要合理

图8-75 零线、火线分色布置

图8-76 电视背景墙内的电线预埋粗PVC管

图8-77 电线暗盒安装要严谨

图8-78 弱电箱要布置在较低处

★ 补充要点

布线注意事项

（1）每户设置的配电箱尺寸，必须根据实际所需空开而定；每户均必须设置总开（两极）＋漏电保护器（所需位置为4个单片数，断路器空开为合格产品），严格按图分设各路空开及布线，并标明空开各使用旧路，配电箱安装必须有可靠的接地连接。

（2）电话线、电视线、电脑线的进户线均不得移动或封闭，严禁弱电线与导线安装在同一根管道中（包括穿越开关、插座暗盒等），管线均从地面墙角直。

（3）电器布线均采用中策BV单股铜线，接地线为BBR软铜线，穿PVC暗埋设（空心楼板、现浇屋面板除外）向为横平竖直，沿平顶墙角走，无吊顶但有80mm膏阴角线时限走中ϕ20mm、ϕ15mm各一根，禁止地面放管走线；严格按图布线（照明主干线为2.5mm^2，支线为1.5mm^2）管内不得有接头和扭结，均用新线，旧线在验收时交付房东。禁止电线直接埋入灰层。

（4）管内导线的总截面积不得超过管内径截面积的40%。同类照明的几个同路可穿入同一根管内，但管内导线总数不得多于8根。

二、开关插座面板安装施工

1. 施工方法

首先，对已安装的接线暗盒、电线及空气开关等组件进行细致检查，确保所有部件安装准确无误，对存在问题的部位进行适时调整与修复；然后，拆卸面板，移除螺丝，将预留电线连接端子；接着，将电线进行有序弯折，并安置于接线暗盒内部，利用螺丝装置将面板固定在暗盒上；最后，对面板水平度进行微调，完成螺丝的固定（图8-80~图8-83）。

2. 施工要点

安装电源插座时，面向插座的左侧应接零线（N），右侧应接火线（L），中间上方应接保护地线（PE）。开关安装高度应距地面1.3m，拉线开关离地面安装高度为2m，明装插座离地面安装高度为1.3~1.5m，暗装插座离地面高度为0.3m。

安装在台面、桌面上的开关插座应距离其表面0.15~0.3m，在较大的室内空间墙面上，应在水平间距3.6m左右安装1个插座。同一室内的插座面板应在同一水平标高上，高差应小于5mm，安装开关插座面板及灯具宜安排在最后一遍乳胶漆之前。

墙体
单股电线回路
配套固定圈
PVC管
1：3水泥砂浆填补
钢钉固定

图8-79 PVC穿线管布设

此为PVC穿线管布设示意图，施工时注意PVC管安装好后，要统一穿电线，同一回路的电线应穿同一管内，但管内总根数应不大于8根，电线总截面积包括绝缘层不应超过管内截面积的40%，暗线敷设必须配阻燃PVC管。

图8-80 开关插座面板安装构造

此图为开关插座的安装构造示意图，安装时必须依附于墙体，通过螺丝进行固定。安装完毕需要固定好面板，暗盒外部缝隙需要用1:3水泥砂浆填补。

图8-81 开关插座面板安装

图8-82 连接线路

图8-83 安装固定

暗盒内的剩余电线长度应不大于100mm，多余部分应剪断，将过长的电线弯折后会导致电线积热，容易造成火灾。

★ 小贴士

预防电线绝缘层损坏

使用电路时，电线短路、断裂及老化等故障现象屡见不鲜，因此用户需对电器的使用功率给予高度关注。长时间在常规电线上运行大功率电器，容易引发电线绝缘层温度升高，从而导致其受损。必须避免电线暴露于潮湿、高温、腐蚀性环境，或遭受碰撞、压迫等损伤。电线布置应避开高温、高湿、腐蚀性蒸汽或气体区域，并且在易受损伤的部位采取适当的保护措施。此外，定期对电路进行检查和维护，发现缺陷立即修复，及时更换老化电线，确保线路安全运行。

金属穿线管

（1）不锈钢穿线管。常见类型为304型或301型的波纹管，具有较好的柔韧性、耐腐蚀性、耐高温性、耐磨损能力及抗拉伸性。该类型管材适用于墙角、变形的局部墙面或顶面，适合潮湿环境，借助不锈钢材质装饰空间。

（2）碳钢穿线管。采用Q235型号的焊接钢管，具有较高的结构强度，并配备多种专用管件。碳钢穿线管不仅机械性能优良，而且具有出色的抗腐蚀性，耐压强度高，热膨胀系数低，不易收缩变形。然而，该类型管材不宜用于极端潮湿环境、存在酸碱盐腐蚀或爆炸危险的区域，其适用环境温度范围为-15℃至40℃。

本章小结

装修离不开电线，尤其是旧房，电线虽小"责任"重大。好多火灾都是由于电线线路老化，配置不合理，或者使用电线质量低劣造成的。因此，消费者在购买电线时一定要擦亮双眼，仔细鉴别，防患于未然。装饰装修为使居室美观，人们在施工时，水管一般都采用埋墙式方法，如果水管质量不好，一旦出现渗漏和爆裂，将带来难以弥补的后果。所以在购买水管电线时，千万不能贪图一时的便宜，如果预算实在紧张，其他装修材料方面可以稍微选低档一点的，但是购买电线和水管时不能降低标准，而应在保证安全的要求上，尽量购买高质量产品。

课后练习

（1）PP－R管有哪些常见规格？其价格有何不同？

（2）选购铝塑复合管时，应注意哪些要点？

（3）怎样对给水管进行施工？

（4）电视线的一般型号有哪些？

（5）开关插座面板分为哪些类型？其优势有何不同？

（6）分组讨论：进行电线布设施工时应注意哪些要点？

（7）考察所在城市中的市政广场上的音乐喷泉，指出水管与电线的布设方式，查阅资料了解音乐喷泉的工作原理。

五金型材

识读难度　★ ★ ★ ☆ ☆

核心概念　金属型材、五金配件、五金型材施工

章节导读　五金型材在装修中能起到提高效率、美化构造的目的，成品型材除了具备装饰能力还具备一定的承载力，尤其是金属材料强度高，表面光洁明亮，金属原色能展现设计个性，而五金件作为设计细节的所在，更是需要格外重视。识别五金型材的关键在于认清材质名称，观察材料厚度，辨析饰面涂层，选择合适且经济的五金型材。

	型钢	定义、特质、分类、识别选购
金属型材	轻钢	定义、分类
	门窗型材	塑钢门窗
		铝合金门窗
		圆钉
		水泥钉
	钉子	射钉
		地板钉
		气排钉
五金配件	螺丝	螺钉
		膨胀螺栓
	拉手	定义、选购
	铰链	家具铰链
		门扇铰链
	滑轨	抽屉滑轨
		推拉门滑轨
	金属型材施工	型钢楼板施工
五金型材施工		轻钢龙骨吊顶施工
	五金配件固定施工	施工方法
		施工要点

五金型材

第一节　金属型材

金属材料在基础装修工程中主要起到强化构造连接的作用，一般包括各种型钢和轻钢材料。

一、型钢

1. 定义

型钢又称为重钢、钢材，是具有一定截面形状与尺寸规格的钢质型材，用于装修的型钢按其断面形状又可分为工字钢、槽钢、角钢、钢管、钢板、钢筋等，型钢的密度为7.85kg/m³。

2. 特质

型钢在机械加工、结构连接及安装方面具有显著优势，拆卸与回收也十分便捷。相较于传统混凝土结构，型钢加工过程中产生的噪音较低，粉尘少，自重轻，其施工速度大约是混凝土结构的2~3倍。达到使用寿命后，拆除型钢结构所遗留的固体废弃物较少，回收价值高。

3. 分类

（1）工字钢。工字钢又称为钢梁，是截面为工字形的长条型钢，其规格以腰高×腿宽×腰厚尺寸来表示，如工160mm×88mm×6mm，即表示腰高160mm、腿宽88mm、腰厚6mm的工字钢（图9-1、图9-2）。

1）规格表示。工字钢的规格也可用型号表示，型号表示腰高的厘米数，如工16号，腰高相同的工字钢，如有几种不同的腿宽与腰厚，需在型号右边加a、b、c加以区别，如22号a、22号b等。

2）价格。工字钢除了上述截面规格外，长度为6m，具体价格按重量计算，根据国际市场行情不断变化，优质产品的价格一般为7000~10000元/吨。

（2）槽钢。槽钢是一种具有凹形截面的条形型钢，可分为普通与轻型。普通槽钢规格为5号~20号；轻型槽钢则具有更窄的腿部、更薄的腰部及更轻的重量。中型槽钢的规格为5号~16号，而大型槽钢为18号~40号。

1）规格表示。对工字钢的尺寸规格可用型号进行表示，不同型号由不同的高度数值决定，如工16号，表示其腰高16cm。若工字钢具有不同的腿宽、腰厚，则需要在型号右侧添加字母a、b、c等区分，如22号a、22号b等。

2）价格和应用。在装修中，选用槽钢的方式与工字钢基本一致。槽钢除了上述截面规格外，长度与价格与工字钢一致（图9-3）。

（3）角钢。角钢又称为角铁，是两边互相垂直形成角形的型钢，有等边角钢与不等边角钢之分。等边角钢的两个边宽相等（图9-4）。

图9-1 ┃ 图9-2

图9-1 工字钢应用

在装修中，工字钢一般用于架空楼板的立柱、横梁，悬挑楼板的挑梁，或用于加强建筑构造的支撑结构。

图9-2 H型钢

H型钢具有抗弯能力强、施工简单、节约成本和结构重量轻等优点，已被广泛应用，且截面形状经济合理，力学性能好。

图9-3 槽钢应用

槽钢主要辅助工字钢使用,一般可用于辅助架空楼板的立柱、横梁,悬挑楼板的挑梁,或用于加强建筑构造的支撑结构。

图9-4 角钢

边长小于50mm的为小型角钢,50~125mm之间的为中型角钢,边长大于125mm的为大型角钢。

图9-5 无缝钢管

无缝钢管采用优质碳素钢或合金钢制成,强度高,用于装修中的各种热水管、暖气管、空调管,也可以用来搭建脚手架等。

图9-6 有缝钢管

有缝钢管生产工艺简单,生产效率高,品种规格多,强度较高,在装修中主要用于输水管、煤气管、暖气管、电器管等。

图9-7 圆形钢管

圆形钢管承载力强,截面面积大,但在受力条件下,不及方、矩形管抗弯强度大,一些装修构造的骨架、重型家具等常用方、矩形管。

图9-8 异形钢管

异形钢管是指各种非圆环形断面的钢管,其中主要有方形管、矩形管、椭圆管、扁形管、平行四边形管、多层管等。

图9-3	图9-4
图9-5	图9-6
图9-7	图9-8

1)规格表示。角钢的规格以边宽×边宽×边厚来表示,如∠40mm×40mm×4mm,即表示边宽为40mm、边厚为4mm的等边角钢,或∠4号。

2)不等边角钢。不等边角钢是指断面为角形且两边长不相等的钢材,它的截面高度按不等边角钢的长边宽来计算,其边长为25mm×16mm ~200mm×125mm,由热轧机轧制而成,一般不等边角钢规格为∠50×32~200×125,厚度为4~18mm。

3)价格和应用。在装修中,角钢主要用于大型家具、楼梯、雨篷、吊顶、电器设备等大型构造的支撑构件,或配合槽钢、工字钢作为局部承载补充。角钢除了上述截面规格外,长度与价格与工字钢一致。

(4)钢管。钢管是一种中空结构的型钢,用钢管制造结构网架、支撑柱、支架等构件,能够有效减轻结构自重,降低成本,可在一定程度上替代传统钢材。

1)分类。按照生产方式的不同,钢管可分为无缝钢管与有缝钢管。无缝钢管是指无接缝、中空截面的长条钢材,周壁完整;有缝钢管又称焊接钢管,是通过将钢板或钢带进行卷曲并焊接而成的(图9-5、图9-6)。根据横截面的形状差异,钢管还可细分为圆形钢管和异形钢管(图9-7、图9-8)。

图9-9 沸腾热轧钢板

沸腾热轧钢板规格较多，一般厚度2～240mm，宽度1250～2500mm，长度3～12m，在高层建筑中不宜大面积使用，以免给建筑增加负担。

图9-10 伪劣钢管

伪劣型钢的材质不均匀且杂质多，型钢轧辊后易产生结疤、裂纹，表面有毛刺现象，其表面会呈淡红色或类似生铁颜色。

图9-11 轻钢龙骨吊顶

轻钢龙骨可以安装各种面板，配以不同材质、不同花色的罩面板，如石膏板、吊顶扣板等，一般可用于室内主体隔墙与大型吊顶的龙骨支架。

图9-12 U形龙骨

38系列的U形龙骨适用于吊点距离0.8～1.0m不上人吊顶；50系列适用于吊点距离0.8～1.2m不上人吊顶，但其主龙骨可承受80kg的检修荷载；60系列适用于吊点距离0.8～1.2m不上人型或上人型吊顶，主龙骨可承受100kg检修荷载。

图9-13 C形龙骨

C形龙骨的凸出端头没有U形龙骨的收口转角造型，承载的强度较低，但价格相对便宜，且用量较大，具体规格与U形龙骨配套。

图9-9		
图9-10		
图9-11	图9-12	图9-13

2）价格和应用。在装修中，钢管一般用于辅助架空楼板的横梁，悬挑楼板的挑梁，重型家具、构造的支撑构件，钢管主要辅助工字钢、槽钢制作构造，钢管的长度和价格与工字钢一致。

（5）钢板。钢板又称为薄钢，是呈板状且外观为矩形的型钢，可直接轧制或由宽钢带剪切而成。

1）规格。钢板按厚度可分为薄钢板（<4mm）、厚钢板（4～60mm）、特厚钢板（60～115mm）。薄钢板的宽度为500～1500mm，厚钢板的宽度为600～3000mm。钢板的规格也可以根据厚度来标识，如厚20mm的钢板即为20号。

2）分类。钢板按轧制分热轧与冷轧两种，在装修中应用较多的是热轧钢板，一般配合工字钢、槽钢作制作构造，可以起到围合、封闭、承托的作用（图9-9）。

4. 识别选购

（1）注意观察型钢表面，如有麻面现象，则是由于生产机械磨损严重引起钢材表面不规则凹凸不平的缺陷。

（2）型钢表面一般要求不能存在分层、结疤、裂缝等有害缺陷，关注尺寸、外形、重量及允许偏差，型钢通常按长度定价，长度允许偏差应不大于50mm。型钢端部应裁切平直，局部变形应不影响使用（图9-10）。

二、轻钢

1. 定义

轻钢是相对型钢而言的金属材料，又称为冷弯型钢，主要采用较薄的钢板或钢带冷弯成型制成，最常用的就是轻钢龙骨与钢丝。

2. 分类

（1）轻钢龙骨。轻钢龙骨由冷轧钢板（带）、镀锌钢板（带）和彩色涂层钢板（带）经特制轧机用多道加工工序制造而成，具有较高的强度、优良的耐火性、便捷的安装过程及较强实用性（图9-11）。

1）U形龙骨。U型龙骨截面呈U字形，其吊顶系统包括38、50及60三个系列，适用于不同的吊顶需求。此外，隔墙系统中的U型轻钢龙骨则有50、70和100三种系列，以适应不同强度要求的建设项目。龙骨的承载能力主要取决于其壁厚的厚度以及吊杆的直径（图9-12）。

2）C形龙骨。C形龙骨是指截面形状类似英文大写字母C的轻钢龙骨，主要配合U形龙骨使用，作为覆面龙骨使用（图9-13）。

图9-14 | 图9-15 | 图9-16

图9-14 T形龙骨

T形龙骨的造型可根据吊顶板材来定制，主要有扣接龙骨与插接龙骨两种，适用于不同吊顶板材。

图9-15 绑扎钢丝

绑扎钢丝是装饰施工中的辅助材料，主要用于金属材料之间的绑扎连接，如型钢在焊接之前先绑扎固定，才能进行精确焊接。

图9-16 钢丝网

钢丝网整体宽度为0.9~3m，长度为10m/卷，规格为10mm×10mm×1.5mm的镀锌钢丝网，价格为15~20元/m²。

3）T形龙骨。T形龙骨是指截面形状类似英文大写字母T的轻钢龙骨，又称为三角龙骨，自身总量（包括零配件）为1.5kg/m²左右，只作为吊顶专用（图9-14）。

4）规格和价格。吊顶龙骨与吊顶板材组成300mm×300mm、600mm×600mm等规格的方格，主要用于室内隔墙、吊顶，可按设计需要灵活布置选用饰面材料。轻钢龙骨的长度主要有3m与6m两种，特殊尺寸可以定制生产，价格根据具体型号来定，一般为5~10元/m。

5）选购。选购时应注意外观质量，龙骨外形要平整，棱角清晰，切口不允许有影响使用的毛刺与变形，镀锌层不许起皮、脱落。优质产品无腐蚀、损伤、黑斑、麻点等缺陷，龙骨表面应镀锌防锈。

（2）钢丝。钢丝是用低碳钢或不锈钢拉制成的金属丝，将炽热的金属坯轧成钢条，再将其拉成不同直径的线材，钢丝生产工艺简单、应用广泛，目前用于装修的钢丝主要有绑扎钢丝与钢丝网。钢丝的规格为$\phi1$~$\phi4$，长度为10~50m/卷，$\phi1.5$的普通钢丝价格为0.5元/m。

1）绑扎钢丝。绑扎钢丝主要用于金属及木质材料固定绑扎，固定作用良好，且施工方法简单，无需采用特殊工具、设备（图9-15）。

2）钢丝网。钢丝网是用各种钢丝编织或焊接成网状材料的总称，主要用于墙、地面等的基层铺装，能有效防止水泥砂浆、混凝土等材料表面开裂，起到骨架支撑作用（图9-16）。

3）选购。注意钢丝的镀锌量，一般应选用热镀锌产品，对于钢丝网而言，先焊后镀要比先镀后焊质量好，由此可以观察钢丝网的交错部位，还可以采用360号砂纸打磨钢丝网表面，如果能轻松磨掉镀锌层则说明质量一般。

★ 小贴士

轻钢龙骨在梁上吊挂杆件

（1）吊挂杆件须保持平直且具备充分的承载能力。需加长预埋杆件时，应实施牢固的焊接作业，确保焊缝分布均匀。

（2）吊杆与主龙骨末端的间距不应超过300mm，超出此限则应增设额外的吊杆以增强支撑。

（3）吊顶灯具、风口及检修口应附加吊杆，保证其稳固性和维护便捷性。

三、门窗型材

1. 塑钢门窗

（1）定义。塑钢门窗是采用硬质聚氯乙烯树脂（UPVC）为主要原料，加上稳定剂、着色剂、填充剂、紫外线吸收剂等，经挤出成型材后通过切割、焊接或螺接的方式制成门窗框扇，装配上密封胶条、毛条、五金件等配件而制成的门窗（图9-17）。

图9-17 塑钢门窗型材样本

塑钢门窗为了增强型材的刚性，超过一定长度的型材空腔内会添加钢衬。

图9-18 塑钢门窗阳台

塑钢门窗阳台具有一定的防盗功能，普遍见于住宅小区或办公楼中。

图9-19 彩色铝合金型材样本

目前，运用较多的都是彩色铝合金门窗，即在铝合金型材表面增加了彩色镀膜，能起到很好的保护与装饰作用。

图9-20 铝合金门窗展示

铝合金门窗一般采用壁厚1.4mm的高精度铝合金型材制作，门窗扇开启幅度大，采光更充足。

| 图9-17 | 图9-18 |
| 图9-19 | 图9-20 |

（2）特质。塑钢门窗为多腔式结构，具有良好的隔热性能，其传热性能甚小，具有良好的保温效果与耐腐蚀性能，质地细密平滑，质量内外一致，无须进行表面特殊处理（图9-18）。

（3）规格和价格。塑钢门窗一般用于建筑外墙制作，或用于空间分隔、围合，以5mm厚的普通玻璃为例，塑钢门窗价格为150～200元/m²。

（4）选购。塑钢型材表面应当光滑且无裂纹或焊接缺陷，且具备完整的横截面结构。高品质塑钢型材通常呈青白色调，过白型材不耐晒，易于老化。门窗的玻璃不能直接与型材接触，五金配件应当配备完整、放置正确、安装稳固，并操作流畅。

2. 铝合金门窗

（1）定义。铝合金门窗是指采用铝合金挤压型材为框、梃、扇料制作的门窗，简称铝门窗。铝合金门窗的设计、安装形式与塑钢门窗一致，只是材质改为铝合金，其中无须加强筋，结构更简单（图9-19）。

（2）特色。防铝合金门窗一般用于建筑外墙门窗制作，或用于空间分隔、围合，可以采用无地轨道设计，吊轮采用高强度优质滑轮，滑动自如、静音顺滑（图9-20）。

（3）价格。以5mm厚的普通玻璃为例，铝合金门窗价格为250～400元/m²。

（4）选购。选购时应测量厚度，优质铝合金门窗所用的铝型材壁厚应不小于1.4mm。同一根铝合金型材色泽应一致，表面应无凹陷、鼓出、气泡、灰渣、裂纹、毛刺、起皮等明显缺陷，采用360号砂纸打磨，看其表面的氧化膜是否会轻易褪色。

第二节　五金配件

五金配件在装修中能起到很好的装饰作用，但是五金配件的品种丰富，材质多样，既要辨清功能，又要关注质量。

一、钉子

在现代装修中，钉子的品种越来越多，已经超越了传统的使用范围，涉及了装修全过程，尤其是在基础工程与安装工程中显得特别重要。

1. 圆钉

（1）定义。圆钉又称为铁钉、木工钉，是最传统的钉子，以热轧低碳盘条冷拔成的钢丝为主要原料，经制钉机加工而成，主要用于固定或连接木质材料（图9-21）。

（2）规格和价格。盒装圆钉净重约0.45kg，价格为3～5元/盒。此外，为了防止传统铁质圆钉生锈，现在也可以选用不锈钢圆钉，但价格要高一倍。

（3）选购。产品包装盒内部应被塑料薄膜覆盖，或者采用塑料材质进行封装，圆钉表面应施以少量油脂以防生锈，其色泽应明亮清澈，避免出现红色或棕色的油斑。可对比多枚圆钉尖端形态，观察其是否统一，并用手指轻触，感受是否有明显刺扎感。

2. 水泥钉

（1）定义。水泥钉又称为钢钉，采用碳素钢生产，质地较硬，穿凿能力很强，当遇到普通圆钉难以钉入的界面时，选用水泥钉可以轻松钉入（图9-22、图9-23）。

（2）价格和应用。水泥钉一般用于砖砌隔墙、硬质木料、石膏板等界面的安装，但是对于混凝土的穿透力不太大。常规水泥钉的规格为$\phi1.8～\phi4.6$，长度20～125mm不等，价格要比圆钉高1.5～2倍。

（3）选购。选购水泥钉时，其选购策略与传统的圆钉相似，但水泥钉尖端不像圆钉那样锐利。优质水泥钉钉入实心砖墙较为轻松，钉入混凝土墙时阻力稍大，若出现钉子弯曲的情况，意味着产品品质不佳。

3. 射钉

（1）定义。射钉又称为专用水泥钢钉，由高强度钢材制作，相对于常规圆钉、水泥钉而言质地更坚硬（图9-24）。

图9-21 | 图9-22
图9-23 | 图9-24

图9-21 普通圆钉

市场上销售的圆钉有散装与盒装两种形式，散装圆钉容易生锈，不易保存，但是价格较低，适用于即买即用。

图9-22 水泥钉

水泥钉硬度很大，钉杆有滑竿、直纹、斜纹及竹节等多种，直纹或滑竿比较常见。

图9-23 水泥钉管线卡

水泥钉还有配套的塑料卡件，主要用于固定各种线管。

图9-24 射钉

射钉可以钉入实心砖墙或混凝土构造，甚至能射穿8～12mm厚的钢板，射钉顶杆可以弯曲60°～90°不断裂。

图9-25 射钉枪

为了提高施工效率与钉入的准确性，射钉还会使用火药射钉枪发射，射钉枪射程远，威力大。

图9-26 地板钉

地板钉专用于需架设木龙骨的实木地板、竹地板安装。

图9-27 气排钉

气排钉是木质工程的主要辅材，用于钉制各种板式家具部件、实木封边条、实木框架、实木或石膏板等，每个气排钉之间使用胶水连接，类似于订书钉。

图9-28 气钉枪

气排钉经气钉枪钉入木材中而不漏痕迹，不影响木材继续刨削加工及表面美观，且钉接速度快，质量好。

图9-29 螺钉

螺钉可以使木质材料之间衔接更紧密，不易松动脱落，也可以用于金属与木材、塑料与木材、金属与塑料等不同材料之间的连接。

图9-30 自攻螺钉

自攻螺钉也被称为快牙螺丝，多用于比较薄的金属板之间的连接，表面硬度高，芯部韧性好。

图9-25	图9-26	图9-27
图9-28	图9-29	图9-30

（2）特色。射钉的后端装有塑料制环形垫圈，其直径略大于射钉枪的钉管内径。这一设计能使射钉在射击过程中，其轴线与钉管轴线达到较好的对准，增强射击力量。

（3）应用。在装饰施工中，射钉主要用于固定承载重量较大的装饰构件，可以用传统铁锤敲打固定，也可采用火药动力的射钉枪进行发射（图9-25）。

（4）规格和价格。射钉的规格全部统一，钉杆ϕ3.5，长度规格为PS27、PS32、PS37、PS42、PS52等。以PS37射钉为例，长度为37mm，价格为5~6元/盒，每盒100枚。

4. 地板钉

（1）定义。地板钉又称为麻花钉，是在常规圆钉的基础上，将钉子的杆身加工成较圆滑的螺旋状，增强钉入的摩擦力（图9-26）。

（2）规格和价格。常规地板钉多为镀锌铁钉、镀铜铁钉，高档产品为不锈钢钉，地板钉规格为ϕ2.1~ϕ4.1，长度38~100mm不等，其中长度38mm与50mm的地板钉最常用。地板钉的价格与普通圆钉相当，不锈钢产品的价格仍要高一倍。

5. 气排钉

（1）定义。气排钉又称为气枪钉，材质与普通圆钉相同，是装修气钉枪的专用材料，气排钉由气钉枪通过空气压缩机加大气压推动发射，其隔空射程可达20m以上（图9-27、图9-28）。

（2）规格和价格。气排钉常用长度规格为10~50mm不等，产品包装以盒为单位，标准包装每盒5000枚，价格根据长度规格而不等，常用25mm长的气排钉价格为6~8元/盒。

二、螺丝

螺丝主要包括螺钉与膨胀螺栓，是现代装修必备的基础辅材，主要依靠自身螺纹逐渐加固材料，具有连接力度大、构造稳定等优势。

1. 螺钉

（1）定义。螺钉是头部具有螺纹的紧固件，钉头开十字凹槽、一字槽、内三角槽、内角四方等槽型，施工时需要配合使用各种形状的螺丝刀，能应用到各个行业（图9-29、图9-30）。

图9-31 膨胀螺栓

膨胀螺栓可用于重型材料的关键部位固定，其固定原理是利用套管扩张来促使膨胀产生摩擦力，达到固定效果。

图9-32 膨胀螺栓构造

膨胀螺栓主要由螺栓、套管、平垫圈、弹簧垫圈及六角螺母5大构件组成，一般采用铜、铁、铝合金属制造，体量较大。

图9-33 柜门拉手

高档铝合金拉手要经过电镀、喷漆或烤漆工艺，具有良好的耐磨与防腐蚀作用，一般拉手要能承受不小于6kg的拉力。

图9-34 柜门拉手样式

制作家具拉手的材质多种多样，拉手的样式随着科技的进步也越来越丰富。

图9-31	图9-32
图9-33	图9-34

（2）应用。螺钉主要用于板材、家具零部件装配，应根据使用要求选用适合的样式与规格。

（3）规格和价格。螺钉的常用长度规格为10～120mm不等，其中每增加5～10mm为一个单位型号。螺钉销售仍以盒为单位，具体价格根据规格而不同，一般多为5～10元/盒，根据不同规格每盒10～100枚不等，如果条件允许，可以选用不锈钢螺钉，强度与防锈性能都要高很多，价格比传统螺钉贵1.5～2倍。螺钉的选购方法与普通圆钉类似，但是螺钉的形态应该更加精致。

2. 膨胀螺栓

（1）定义。膨胀螺栓又称为膨胀螺丝，是将重型家具、构造、设备、器械等物件安装或固定在墙面、楼板、梁柱上所用的特殊螺丝连接件（图9-31、图9-32）。

（2）规格和价格。常见的膨胀螺栓长度规格为30～180mm，长度每递增5～10mm即构成一个新的单位型号。不同规格、材质的螺栓价位差距较大，如常用膨胀螺栓长80mm、ϕ8，其市场零售价为1元/枚，不锈钢材质产品的价格则高出其两倍左右。

三、拉手

1. 定义

拉手主要安装在门窗或抽屉上，让其开关更为便捷，方便使用者操控。在室内装饰中，拉手作为一种实用的工具，广泛用于家具和门窗的开关部位（图9-33、图9-34）。

2. 选购

选购拉手时，要特别注意观察拉手的面层色泽及保护膜，有无破损及划痕，在安装各种不同样式的拉手时，需要使用不同规格直径的电钻头事先钻孔。

四、铰链

铰链又称为合页，是用来连接两个构件，并能让两者进行转动的装置，用于普通门扇的为轻薄型铰链，分为家具铰链与门扇铰链两种。

1. 家具铰链

家具与柜门之间的铰链是装修中应用最为频繁的铰链，又称烟斗铰链，适用于16～20mm的板材厚度。目前，市场上中等档次的家具铰链单价为3～5元/个（图9-35、图9-36）。

2. 门扇铰链

门扇铰链主要用于门、窗扇，材质有铁、铜与不锈钢等多种，其中以不锈钢为佳。中档门扇铰链价格为20～30元/套（图9-37、图9-38）。

五、滑轨

滑轨为装修家具的配套产品，主要分为轨道与滚轮两部分，两者既有分离，又有合并，是抽屉、柜门、房门等构造的开关装置。

1. 抽屉滑轨

定义。抽屉滑轨用于各种家具抽屉的开关活动，多使用优质铝合金、不锈钢制作。抽屉滑轨由动轨与定轨组成，分别安装于抽屉与柜体内侧两处（图9-39、图9-40）。

图9-35 家具铰链

铰链材质有镀锌铁、锌合金，一般弹簧铰链附有调节螺钉，可以上下、左右调节板的高度、厚度，能根据空间，配合柜门开启角度。

图9-36 家具铰链安装

家具铰链安装有不同的开合程度，除完全开启90°～115°外，30°、45°、60°等均有锁定点，这也使得各种柜门有相应的伸展度。

图9-37 门扇铰链

用于防盗门的扇面铰链还有轴承型产品，现在以选用铜质轴承铰链较多，式样美观、亮丽，价格适中，并配备螺钉。

图9-38 门扇铰链样式

门扇铰链的外观规格标准为100mm×30mm与100mm×40mm，中轴11～13mm，合页壁厚为2.5～3mm。

图9-39 滚珠滑轨

新型滚珠抽屉导轨分为二节轨和三节轨两种，目前应用频率较高。

图9-40 抽屉滑轨

抽屉滑轨常用规格长度为300～550mm，价格为10～50元/套。

图9-35	图9-36
图9-37	图9-38
图9-39	图9-40

2. 推拉门滑轨

（1）定义。推拉门滑轨是带凹槽的导轨，主要用于推拉门、窗扇的开关运动（图9-41）。

（2）特色。推拉门滑轨是由滑轨道与滑轮组合安装于门窗上方的活动构件，滑轨道厚重，滑轮粗大，可以承载各种材质门窗扇的重量。

第三节　五金型材施工

一、金属型材施工

金属型材施工比较复杂，关键在于材料的切割、加工不易，加上型材价格较高，要注意避免浪费。

1. 型钢楼板施工

型钢楼板是指采用各种样式、规格的型钢与辅材制作的架空楼板，同时这类施工也适用于型钢楼梯、雨篷等相关施工构造。

（1）施工方法。首先，对施工现场进行清理，依据实际需求挑选适宜规格的型钢，并放线定位；然后，对型钢进行精确裁剪和配料，按照设计方案预先组装，之后进行焊接和铆接；接着，对焊接部位进行打磨处理，以消除凸起点，并均匀涂覆防锈涂料；最后，安装安全护栏和扶手，同时装配外部装饰结构，并进行清洁维护（图9-42～图9-44）。

（2）施工要点。钢结构的施工需要十分谨慎，施工时有诸多方面需要仔细考虑后才可进行工作。型钢规格选用应该与使用要求相关，立柱一般可选用25号工字钢，间隔3.6～4.8m设置1根，主跨度用的材料可以采用18～25号工字钢。如果周边墙体是实墙或是承重墙，可以直接在承重墙上按照型钢的横截面尺寸，开凿180～250mm深的孔洞，将钢梁直接埋入孔内。如果周边墙体是普通墙体或非承重墙，可以在墙体内开出立槽，在槽内预埋进10号或1号方钢，方钢接近于地面的底部，必须使用10mm厚的钢板，切割成180mm×180mm的底板，进行焊接。采用6号角钢继续焊接在槽形钢上，即完成整个钢结构楼板骨架层构造，楼板地面可以用18mm厚优质木芯板或实木板，用螺丝直接固定在6号角钢上，作为架空楼板的基层（图9-45）。

2. 轻钢龙骨吊顶施工

轻钢龙骨吊顶主要是指采用石膏板、胶合板、扣板等板材制作的吊顶，吊顶上附有各种灯具、设备，且外观能与吊顶板材平齐安装（图9-46、图9-47）。

（1）施工方法。轻钢龙骨吊顶的施工须重视结构稳固性与施工面完整性。施工时要预先设想潜在难题，执行顶面的放线定位工作时，应依据设计方案在顶面及墙面进行钻孔，并置入预埋件。接着在预埋件上固定吊杆，同时在地面或操作平台上组装龙骨框架。此后，将龙骨框架与吊杆连接，并进行水平调整以确保其稳固。最终，将石膏板、胶合板或扣板钉接于龙骨之上，并对暴露的钉头执行防锈处理，最后进行质量检查（图9-48、图9-49）。

（2）施工要点。施工时需注意顶面与墙面上都应放线定位，分别弹出标高线、造型位置线、吊挂点布局线和灯具安装位置线；在墙的两端固定压线条，用水泥钉与墙面固定牢固，如需制作弧线造型，仍要使用木龙骨配合，且龙骨骨架在顶、墙面都必须有固定件等。

图9-45 钢结构楼板示意图

根据示意图可以清楚地了解到钢架层中间的副梁，可以选用10~15号槽钢，呈井格状焊接，间隙要控制在600~800mm之间。

图9-46 轻钢龙骨石膏板吊顶

轻钢龙骨石膏板是一种石膏板与轻钢龙骨相结合的龙骨板，由此制作的吊顶具有比较好的性能。

图9-47 轻钢龙骨矿棉板吊顶

轻钢龙骨矿棉板吊顶安装时注意罩面板应无脱层、翘曲、折裂及缺棱掉角等缺陷，安装必须牢固。

图9-48 矿棉板吊顶构造示意图

以矿棉板吊顶构造示意图为施工依据，再配合精湛的施工工艺，最后得到的施工效果十分不错。但要注意面板安装前应对安装完的龙骨与面板板材进行检查，确保板面平整，无凹凸，无断裂，边角整齐。

图9-49 石膏板吊顶构造示意图

石膏板吊顶构造示意图绘制出了施工时所要注意的细节部位，在具体施工时，板材与墙面应该完全吻合，有装饰角线的可留有缝隙，板材间接缝应紧密，同时还应在安装饰面板时预留出灯口位置。

图9-45
图9-46 图9-47
图9-48 图9-49

10mm厚钢板
25号工字钢
6号角钢
18mm厚木芯板
10~15号槽钢
10号或15号方钢
18~25号工字钢
膨胀螺栓
承重墙

T形龙骨
轻钢挂件
膨胀螺栓
φ6钢筋
承载龙骨
矿棉板

混凝土楼板
膨胀螺栓
角形钢
φ8~φ10钢筋

轻钢挂件
承载龙骨
自攻螺钉
覆面龙骨
纸面石膏板

（a）正面图　　（b）侧面图

(a) 钻孔

(b) 钉入

(c) 钉深

图9-50 地板钉施工方法

地板钉施工前需要定位，并提前控制好孔距大小，使用电钻钻孔时要倾斜45°钉孔，地板钉钉入后要用铁锤进行表面加固处理，并保证地板面的平整度。

图9-51 螺钉与膨胀螺栓安装构造示意图

插入膨胀螺栓后，还需用扳手将尾部螺帽拧紧，膨胀螺栓的最终固定方向应与界面呈90°垂直。

二、五金配件固定施工

1. 施工方法

首先，根据安装、固定对象选择合适的钉子、螺钉、工具，一般选用产品配套五金件；然后，将固定基层表面处理干净，估测固定效果；接着，使用专用工具禁锢钉子、螺钉，将五金配件禁锢；最后，对钉子、螺钉等表面进行必要防锈、装饰处理（图9-50）。

2. 施工要点

钉子一般采用锤子、气钉枪实施，用锤子敲击要注意力度，可分3次钉入。气钉枪需要连接空气压缩机，施工效率高，但是要注意安全，螺钉应采用螺钉刀或带有螺丝刀头的电钻实施，电钻转入螺钉的速度要慢，避免用力过大而破坏固定基层材料。膨胀螺栓用于自重较大的五金件，如吊顶、吊灯、壁挂构造等，先用与膨胀螺栓规格相当的钻头在界面上钻孔，孔深应与膨胀螺栓全长相当（图9-51）。

★ **小贴士**

电焊条

电焊条主要由金属质焊芯及覆盖其上的涂料（药皮）组成。焊芯通常采用低碳钢丝，表面则施以涂料（药皮）。焊芯的主要功能是传导焊接电流并激发电弧，将电能高效地转换为热能。同时，焊芯在高温作用下熔化，充当填充金属，与熔融的基材金属结合，共同构成焊接接缝。

本章小结

随着大家对生活的新要求，装潢五金能不断满足消费者日益更换的消费心理。五金型材种类包括五金制成的机器零件或部件，以及一些小五金制品。它可以单独用途，也可以做协助用具。例如五金工具、五金零部件、日用五金、建筑五金及安防用品等。小五金产品大都不是最终消费品。而是作为工业制造的配套产品、半成品及生产过程所用工具等，只有一小部分日用五金产品是人们生活必需的工具类消费品。

课后练习

（1）型钢可分为哪些类型？其规格与价格有何不同？

（2）常见的轻钢制品有哪些？

（3）塑钢门窗和铝合金门窗的定义是什么？

（4）圆钉和水泥钉的选购方法有何不同？

（5）分组讨论：型钢楼板的施工方法是什么？

（6）对轻钢龙骨吊顶进行施工时，应注意哪些要点？举例说明。

（7）我国是全球最大的五金产销国之一，查阅相关资料，阐述我国五金制品行业现状，分析五金型材发展前景。

参考文献

[1] （美）布莱尼·布朗内尔. 建筑、室内设计创新材料应用[M]. 北京：中国电力出版社，2007.

[2] （瑞士）盖格. 建筑装饰材料[M]. 北京：中国青年出版社，2012.

[3] 李继业，夏丽君，等. 建筑装饰材料速查手册[M]. 北京：中国建筑工业出版社，2016.

[4] 杜丙旭，李婵. 室内装饰设计[M]. 沈阳：辽宁科学技术出版社，2016.

[5] 李继业. 新编建筑装饰材料实用手册[M]. 北京：化学工业出版社，2012.

[6] 杨东江，杨宇. 装饰材料设计与应用[M]. 沈阳：辽宁美术出版社，2015.

[7] 齐景华. 建筑装饰施工技术[M]. 北京：北京理工大学出版社，2015.

[8] 杨栋. 室内装饰施工与管理[M]. 南京：东南大学出版社，2005.

[9] 苗壮. 室内装饰材料与施工[M]. 哈尔滨：哈尔滨工业大学出版社，2000.

[10] 业之峰装饰. 室内装饰施工工艺图解[M]. 沈阳：辽宁科学技术出版社，2013.

[11] 阚俊莹. 装饰施工[M]. 北京：水利水电出版社，2014.

[12] （日）林直树. 旧房改造实战指南[M]. 武汉：华中科技大学出版社，2016.

[13] 杨东江，杨宇. 装饰材料设计与应用[M]. 沈阳：辽宁美术出版社，2015.

[14] 陈亮奎. 装饰材料与施工工艺[M]. 北京：中国劳动社会保障出版社，2014.

[15] 石珍. 建筑装饰材料图鉴大全[M]. 上海：上海科学技术出版社，2012.

[16] 林皎皎. 重新装修我的家[M]. 福建：福建科技出版社，2012.

[17] 田原，杨冬丹. 装饰材料设计与应用[M]. 北京：中国建筑工业出版社，2006.

[18] 杨天佑. 建筑装饰工程施工[M]. 北京：中国建筑工业出版社，2003.

[19] 于四维，樊丁. 室内装饰材料与构造设计[M]. 北京：化学工业出版社，2023.

[20] 陈良. 室内装饰材料与施工工艺[M]. 长沙：湖南大学出版社，2023.

[21] 翁素馨，何谊. 新编建筑装饰材料[M]. 北京：中国建筑工业出版社，2023.

[22] 王维，钏文凭. 装饰材料设计与应用[M]. 重庆：重庆大学出版社，2024.

[23] 程志高. 建筑装饰施工技术（第2版）[M]. 北京：机械工业出版社，2025.

[24] 陈永. 图说建筑装饰施工技术[M]. 北京：机械工业出版社，2025.